整備塔でH2Aロケットに搭載された、最終整備中の「はやぶさ2」。鹿児島県の種子島宇宙センターにて。2014年11月15日
©JAXA

H2Aロケット打ち上げの瞬間。2014年12月3日
©JAXA

着陸点決定時の記者会見にて。左から、オーレリー・ムーシ（フランス国立宇宙研究センター）、トラミ・ホー（ドイツ航空宇宙センター）、渡邊誠一郎、津田雄一、吉川真、久保田孝。2018年8月23日 ©JAXA

22キロの距離から見た小惑星リュウグウの全景。2018年6月26日
©JAXA、東大など

小惑星探査ローバー・ミネルバⅡ-1Bが撮影したリュウグウ表面。2018年9月23日 ©JAXA

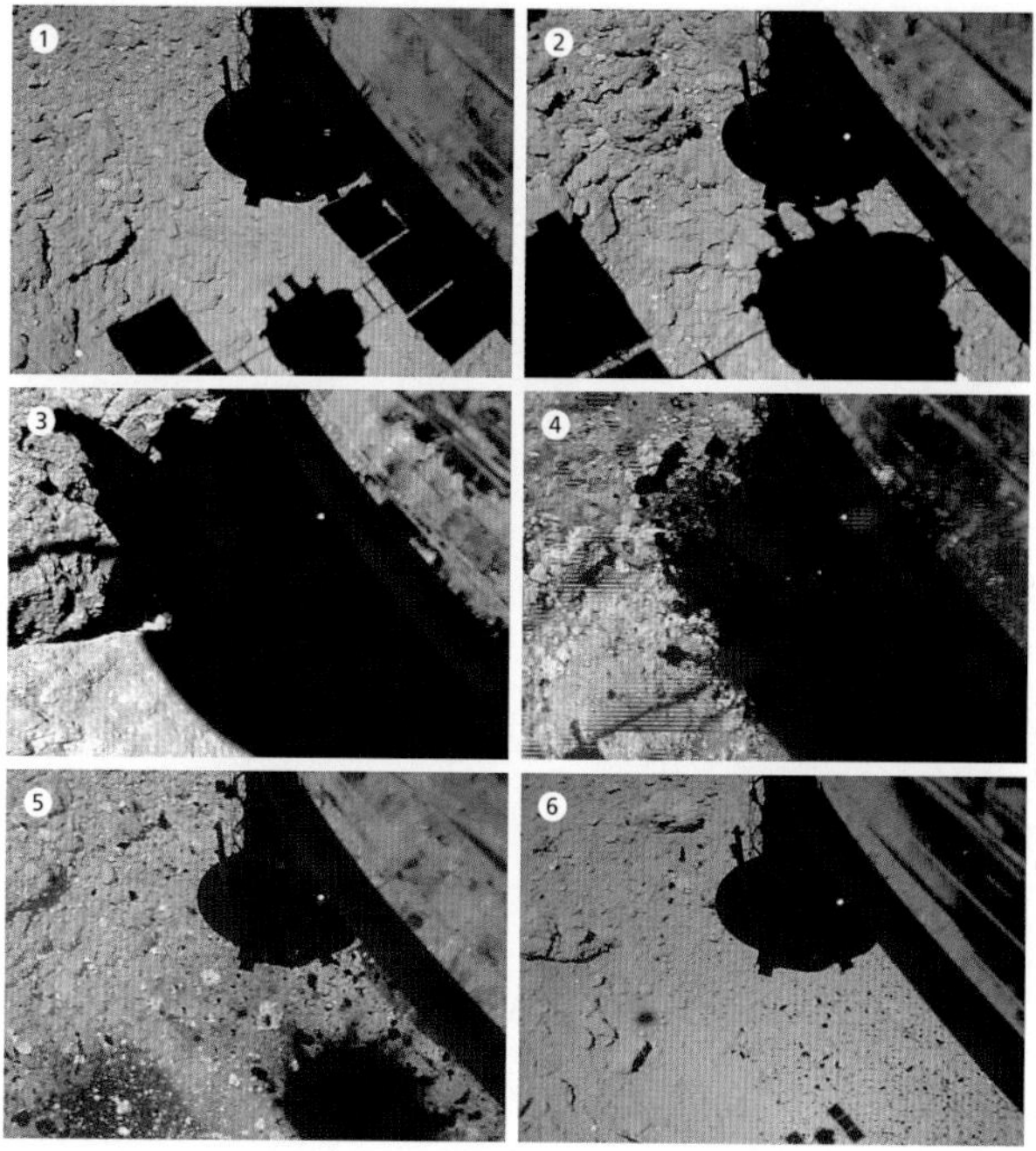

第1回タッチダウンの瞬間。 サンプラーホーンモニターカメラによる。
2019年2月22日　©JAXA
❶7時26分 高度8.5メートル（下降中）　❷7時28分 高度4.1メートル（下降中）
❸7時29分 高度1.0メートル（下降中）　❹7時29分 高度2.9メートル（上昇中）
❺7時29分 高度8.0メートル（上昇中）　❻7時30分 高度49.6メートル（上昇中）

第1回タッチダウン成功後の相模原キャンパス管制室。2019年2月22日
©ISAS/JAXA

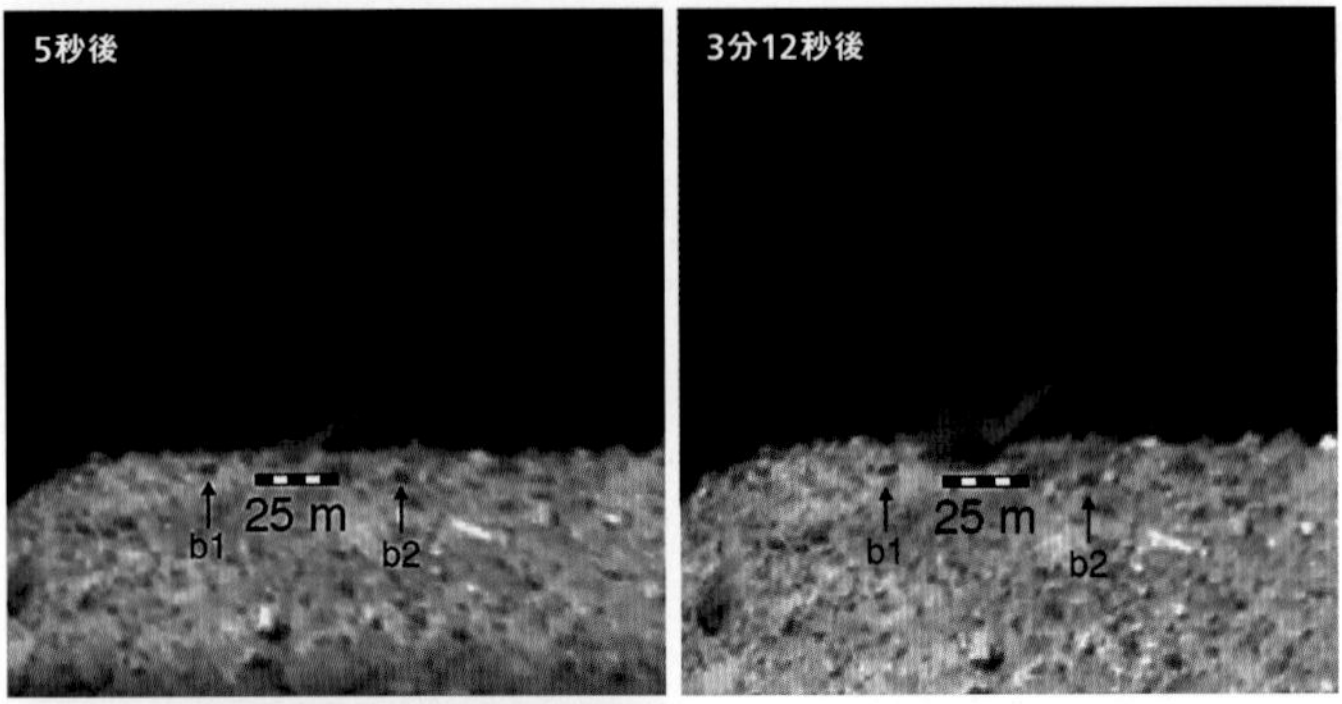

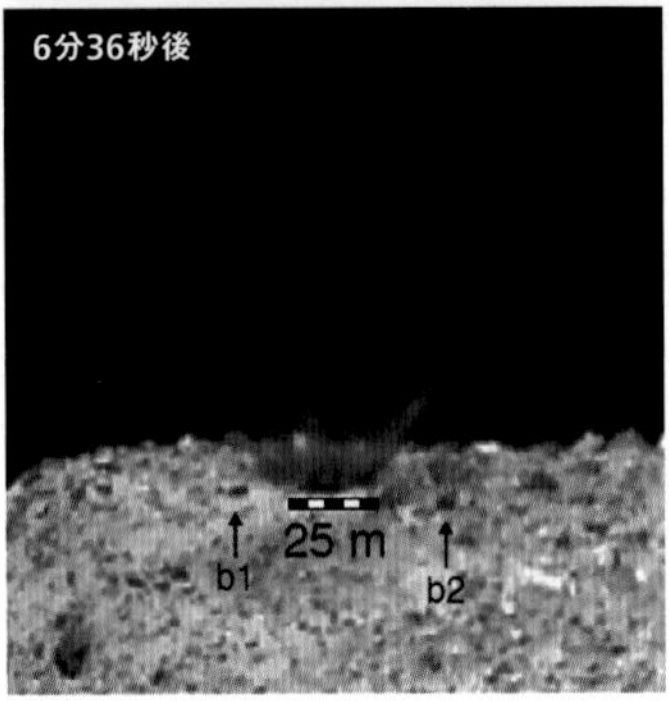

人工クレーター作成の瞬間。インパクタ(SCI)が地表に衝突後の経過。噴出物が高さ40メートル近くまで舞い上がっているのがわかる。2019年4月5日 ©Arakawa et al., 2020

第2回タッチダウン成功を報告する記者会見。発表者は津田。JAXA相模原キャンパスにて。2019年7月11日 ©ISAS/JAXA

はやぶさ2 最強ミッションの真実

津田雄一 Tsuda Yuichi

NHK出版新書
639

プロローグ

その日、早朝にもかかわらず相模原宇宙管制センターは熱気に包まれていた。40名を超える人員が詰めているのに、喧騒がない。かといって、静寂でもない。空気が張り詰めている。モニターを凝視する者、数字を読み上げる者、紙に書き込む者、インカム（ヘッドセットを通じた音声通話）でのやりとりを邪魔しないよう、今起きていることを確認し合うひそひそ声。

すでに、はやぶさ2は完全自律モードに移っていた。

「現在、探査機は高度45メートルに到達。ホバリングを開始しました。」

3億キロの彼方から電波で送られてくる探査機の状態が、インカムを通じて管制室に流れている。ここから先は、探査機の姿勢が、小惑星の地形に沿った向きに切り替わるため、アンテナがどんぴしゃで地球方向には向かなくなる。だから高速データ通信は切られ、微弱な電波の〝ドップラー信号〟と呼ばれる通信周波数の変化が、はやぶさ2の状況を知る唯一の手段となる。

さあ、はやぶさ2よ、ターゲットマーカーを見つけてくれ。小惑星リュウグウの地表に事前に設置しておいた、小さな人工の目印・ターゲットマーカーが、8分以内に見つからないと着陸は中止《アボート》だ。

「45メートルから降下を開始しました。ターゲットマーカーを捕捉した模様。」

管制室のドップラーのモニター表示が、秒速3・8センチメートルでの下降を示した。ちゃんとターゲットマーカーを見つけてくれた兆候だ。どうやら第一関門は突破した。

はやぶさ2は、ターゲットマーカーを自身のカメラの視野中心に捉えたまま、ゆっくりと下降していく。高度28メートルで、高度センサーが高高度用のレーザー高度計（ＬＩＤＡＲ）から低高度用のレーザーレンジファインダ（ＬＲＦ）へ切り替えられた。予定通りだ。

まだ降下している。——もう止まってもいい頃だ。

「まだだ。まだ降下している。」

こんな低高度で、機体を未踏の天体の表面に向けて飛行させているのは気持ちのいいものではない。一歩間違えると探査機をクラッシュさせてしまう。

「やばい。まだ降下が止まらない。」姿勢軌道制御系のオペレータが焦り始めた。初代はやぶさがイトカワへ堕《お》ちたときのことが頭をよぎった者もいたかもしれない。

その瞬間、ドップラーモニターが、降下速度ゼロを示した。降下は止まったのだ。

「ホバリング開始しました。高度は8・5メートル。」

管制室のあちこちで安堵のため息が漏れた。やきもきしたが、第二の関門を突破してくれた。いま、はやぶさ2はターゲットマーカーの直上8・5メートルで、スラスタ（推力を発生する小型の噴射装置）を使って高度を維持しているはずだ。

ここからが曲芸だ。着陸目標点はターゲットマーカーの北東4メートルにある。はやぶさ2が認識できるのは着陸地点そのものではなく、ターゲットマーカーだけだ。だから、ターゲットマーカーをカメラで捕捉し続けながら、着陸地点の真上まで水平移動するのだ。移動中、姿勢が少しでも乱れるとターゲットマーカーを見失う。見失ったらアボートだ。難しい関門をことごとくクリアして、やっとここまで来たのだ。アボートしないでくれ。

訓練を積んだ管制員たちには、ドップラー信号という味も素っ気もない1次元の信号波形から、はやぶさ2の動きが手に取るように分かった。

「着陸地点上空へ到達。現在、ヒップアップ動作をしている模様。」

〝ヒップアップ〟は、険しいリュウグウへ安全に着陸するためにプロジェクトチームが編み出した最後の秘策だ。長さ1メートルしかない筒状のサンプラーホーン（サンプル採集装置）の先端が接地したとき、探査機のボディーができるだけ地面から距離をとれるよう、機体の向きを傾ける操作だ。つま先立ちで、地面をわずかに触ろうとしているようなものだ。

着陸姿勢が整ったら、いよいよ最終降下だ。管制室では、役割を終えた多くの管制員が落ち着いていられず総立ちになっていた。探査機と地球の間は、電波の速さで19分の隔たりがある。もはや、はやぶさ2を信じて見守るしかないのだ。だいぶ進行が速くなっているが、動き自体は想定通りだ。

ついに、ドップラーが急峻な下降を示した。

「はやぶさ2、最終降下を開始。1、2、3、4、……」

秒読みが開始された。管制員は、何秒後に何が起きるかを頭に叩き込んでいるのだ。今、はやぶさ2は高度8・5メートルから着陸目標点めがけて毎秒約7センチメートルで自由落下している。

「49、50、51、52、……」

よし、50秒を越えた。機上では、大半の墜落防止の安全機構が切られ、着陸態勢が整ったはずだ。もう地表は目前だ。ドップラーのグラフは、下降を示す点を横一線に、1秒ごとに整然と打っていた。安定して下降している証拠だ。あとは、上昇信号を待つばかりだ。管制室は不気味に静まり返り、カウントアップのコールだけが響いている。皆、かたずをのんで、メインスクリーンに見入っている。

「91、92、93、94、……」

秒読みが95まで進んだ時、ドップラーが急上昇を示した。

「きた！」

「やった！」

「探査機、上昇を示しています！」

管制室は大歓声に包まれた。このタイミングで上昇したということは、タッチダウンが成功したに違いない。それまでの張り詰めた静寂が歓喜の渦に取って代わられた。

２０１９年2月22日午前7時29分10秒（日本時間）、はやぶさ2は、小惑星リュウグウに舞い降りた。猛禽類の隼《はやぶさ》のごとく、狙った地点に精確に舞い降り、星のかけらという獲物をしっかりと摑んで、大宇宙《おおぞら》へと舞い戻った。

上昇後ほどなくして、サンプラーホーンの先端が地面に接触したこと、着陸の瞬間に弾丸を発射していたことを示すデータが管制室に届いた。すべてのデータがタッチダウン成功を物語っていた。完勝だった。

「本日、人類の手が、新しい小さな星に届きました。」

記者会見で、私はプロジェクトを代表して吉報を全世界へ報告した。新しい科学を、究極の技術と最高のチームワークで獲得した瞬間だった。

日本の技術者と世界の科学者が、10年以上にわたり力を合わせてきた結果が、完全な形で報われた。その道のりは、平坦とは真逆の、困難と苦闘の連続であった。

はやぶさ2　最強ミッションの真実　目次

編集協力　五十嵐広美
校閲　河津香子
ＤＴＰ　角谷　剛

第1章

「二号機」への胎動

映画にまでなった初号機

時計の針を巻き戻してみよう。

２０１０年6月13日、予定を超えて7年間の宇宙飛行を完遂したはやぶさ（初号機）が、精確にオーストラリア上空に達した。機体丸ごと大気圏突入したはやぶさは、まばゆい光と熱を発する火の鳥《フェニックス》と化し、そして消滅した。しかしそのとき既に魂の灯《ひ》は、大気圏突入カプセルへと乗り移っていた。突入の8時間前に母船から切り離されたカプセルは、はやぶさ本体より少しだけ先行して飛行し、空力加熱（後述）の業火に耐え、見事オーストラリアのウーメラ砂漠に軟着陸した。

はやぶさは見事にミッションを完遂した。必ずしも計画通りではなかった。いや、むしろ計画変更や挫折の方が多かったかもしれない。しかし、ともかくも「小惑星サンプルリターン」技術を完遂し実証して見せた。しかも結果として劇的な形で。

２００３年の打ち上げのときからはやぶさミッションに参画していた私は、そのときＪＡＸＡ（宇宙航空研究開発機構）の相模原宇宙管制センター（Sagamihara Space Operation Center：ＳＳＯＣ）にいた。帰還を成功させたはやぶさプロジェクトの一員であったことを誇らしく感じたし、非常な困難を粘り強く、論理的に、純技術的に解決してゆき、ついには成功へと導いた過程のすべてが、自分の技術者としての血となり肉となった気がした。不謹慎かもしれないが、トラブルに育てられたのも事実だ。このもの凄い体験を、次のミッションへ活かしたい、とうずうずした。

はやぶさは、いつの間にか小惑星探査機と呼ばれるようになったが、その本来の目的は星のかけらを持ち帰る技術、すなわち「サンプルリターン」技術を実証することであった。実際はやぶさ以前は、月より遠くの天体のサンプルリターンは世界のどこでも実現されていなかった。

その収穫の第一は、技術蓄積だ。サンプルリターンミッションに必要な、①電気推進による宇宙航行技術、②画像を用いた小惑星への接近・着陸飛行制御技術、③サンプル採取技術、④惑星間空間からの直接大気圏突入・回収技術を、はやぶさはすべて実証した。

第二の収穫は、科学成果。ラッコのような不思議な形の小惑星イトカワを探査したことで、小惑星の科学は大きく進展した。また、はやぶさが持ち帰ったサンプルは、微量ではあったが、地上の分析技術は日進月歩。10年経った今でも、イトカワサンプルは世界中の科学者の手によって科学成果を生み続けている。

驚きだったのは第三の収穫で、社会的な反響がとても大きかったことだ。世界初の小惑星サンプルリターン探査成功の快挙が世界中で報道され、教科書にも掲載され、映画にまでなった。日本の宇宙科学がこれだけ脚光を浴びることは初めてのことだった。宇宙探査が本来持っているパワーと、科学や技術を超えた社会的な責務を、日本の宇宙科学はこの一事から実体験として学んだ気がする。

変遷するはやぶさ後継ミッション

はやぶさの次へ——。次世代ミッションの構想活動は、はやぶさが打ち上げられた直後の2004年頃から始まった。小天体探査ワーキンググループという研究会がJAXAに設置され、国内外の研究者が集まり、はやぶさの技術を活かした次の小天体探査の議論が始まった。

当時も、かつてはやぶさが打ち上げられたころの時代も、太陽系探査ミッション（月より遠くの天体へ行くミッション）といえば、片道探査というのが常識だった。つまり、地球から探査機を打ち上げ、目標天体へ到達し、観測結果を電波で送り返す方式だ。裏を返せば往復探査はそれだけ難しい技術ということだ。

そういう世界だから、宇宙探査の界隈では、はやぶさは開発時から注目されていた。なにしろサンプルリターンは、探査の究極の姿の一つだ。人類が能動的に宇宙からサンプルを持ち帰った例は、米国のアポロ計画とソ連ルナ計画で採取された月の石、米国スターダスト探査機がヴィルド２彗星を通り過ぎざまに採取した彗星塵《じん》、米国ジェネシス探査機が採取した太陽風粒子だけだ。月より遠くの天体へまともに到着させ、着陸し、星のかけらを採取し、地球へ帰還するのは、はやぶさが初めての試みだったし、たかだか５００キログラムの探査機でそのような複雑な往復飛行システムを作り上げたことは、宇宙工学上エポックメーキングな出来事だった。

私自身がはやぶさ計画を知ったのは大学院生時代の２０００年頃だっただろうか。宇宙工学をかじり始めてそれなりに宇宙探査の実際を学んでいた私にも、はやぶさ計画は一足飛びどころか、２、３ステップ先を狙うような大胆な計画に映った。それを日本がやろうとしている。しかもその計画を率いているのは、目の前で軌道力学の講義をしている川口淳一郎先生……。

はやぶさの開発を成功させ、打ち上げにこぎつけたことで、海外からも日本のサンプルリターン手法は注目されることになる。２００５年にはヨーロッパとの共同ミッション「はやぶさMk-II《マークツー》」として検討を開始。はやぶさをひと回り大型化し、地球と木星軌道の間を楕円軌道で行き来する直径4キロメートル級の小惑星ウィルソン・ハリントンに行く、という計画が出来上がった。

しかし、この活動はじきに頓挫する。ひとつは、欧州側でＭｋ-II計画が承認されなかったこと。そしてもうひとつははやぶさのトラブルだ。姿勢制御装置リアクションホイールの故障、着陸後の行方不明、化学推進剤の喪失。はやぶさミッションは満身創痍だった。はやぶさはサンプルリターン技術を確立した、とは言えないかもしれない。次の一手は、はやぶさで試みた技術を確実化することなのではないか。そんな議論から生まれたのが「はやぶさ2」構想だった。

ところが2010年にははやぶさは劇的な形で地球帰還を成功させてしまう。これにより、はやぶさ2は守りの計画から攻めの計画へと変わった。こんなすごい技術は絶やしてはいけないという世の中の後押しもあった。はやぶさの設計をベースに、最新の研究成果と技術を盛り込んで、最大限、小天体探査の世界を切り拓こう！　そんなエネルギーがみなぎる計画が出来上がっていくのだった。

なぜ小惑星か

ここで、小惑星とはどんな天体か紹介しよう。太陽系には、太陽という恒星の周りに水金地火木土天海の8つの惑星が回っていることは皆さんご存じであろう。それぞれの惑星にはいくつかの衛星（地球であれば月）が回っていることもある。そして太陽系には、それ以外に「小惑星」と「彗星」が存在する。この2つをまとめて「小天体」と呼ぶこともある。この小天体、2020年現在およそ99万個も発見されている。

これらの小天体はすべて地球上の望遠鏡から発見されているものだ。望遠鏡の技術は日進月歩で、性能が上がるとより暗い星や小さい星が見えるようになる。現在発見されている小惑星は数十メートル級までだから、それより小さい未発見の小天体を含めると100万個を優に超えているのは間違いない。

だから、太陽系は結構にぎやかな場所だということが言える。太陽系の真の姿や成因を理解するためには、大きな惑星を調べるだけでは全く一面的であることがおわかりいただけるだろう。

人類は、いくつかの小天体については探査機を送り込み、その姿を間近に観察したことがある。その写真を見ると（図版1－1）、小惑星や彗星は形も大きさもとてもバラエティー

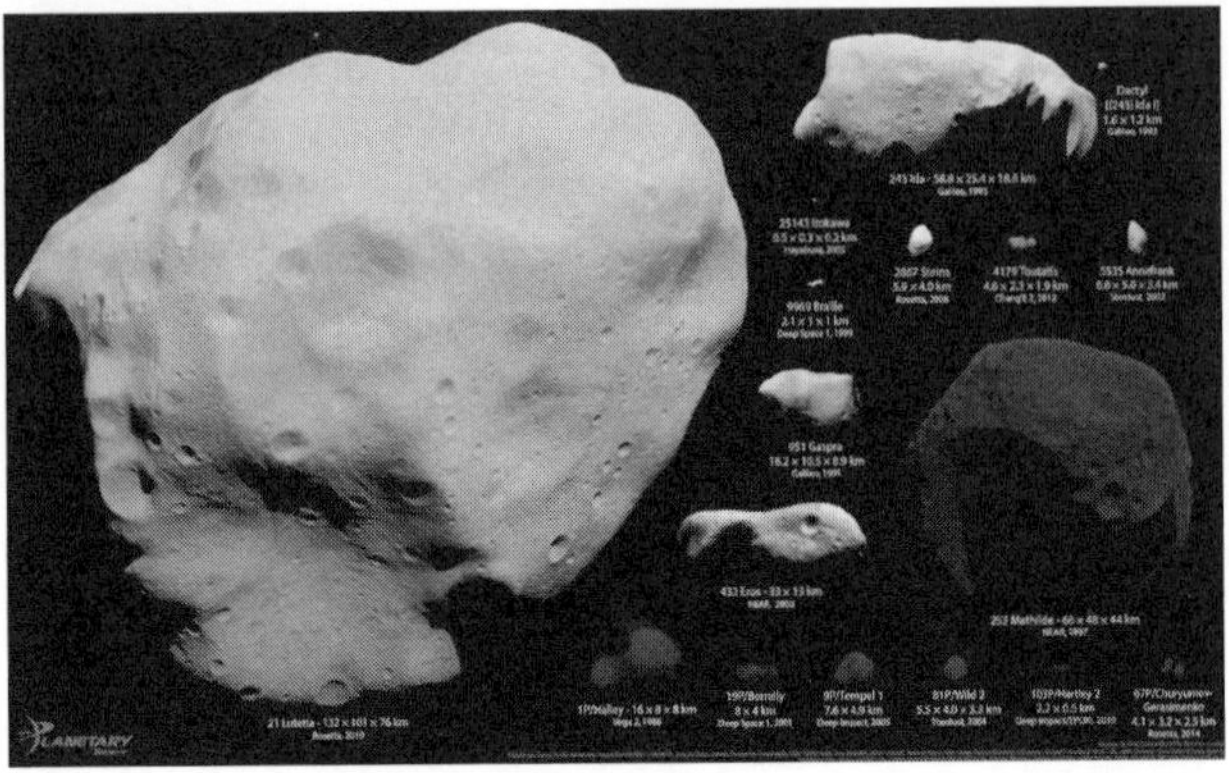

図版1–1　過去に探査機が訪れたことのある小天体　出典：Planetary Society

に富んでいる。このような小天体の写真を見ていると、逆に地球などの大きな惑星が丸いことの方が奇跡に思えてくる。

　実は、この〝丸くない〟ということが、科学的にとても重要な意味を持っている。水星・金星・地球・火星のような地殻を持つ惑星が球体であるのは、かつて天体全体が溶けてドロドロだった時期があったことを意味する。宇宙のような無重量の空間では、液体は一番均整の取れた形である球体にまとまろうとする（これを表面張力と呼ぶ）。今でも、地球の内部はマグマという液体で満たされている。

　物質は高熱により変性する。高熱を加えると、それより昔の情報はその物質から失われてしまう。だから、球体の惑星をいくら調査しても、その惑星の年齢より昔の情報はわからない。さらに地面が冷えた後も、大気による風化、海流による浸食、火山活動などの地殻変動（地球ではそれに加えて生命活動）で惑星の表面は絶えず変化する。つまり、大きな惑星は46億年の太陽系の歴史の調査には不向きなのである。

そこへ来ると、小天体はその形のいびつさが、大昔の状態のままであることを物語っている。さらに、小天体はその小ささ故に風化や浸食がない。だから、小天体は太陽系ができた時の状態をそのまま保持している可能性が高い。小天体が「太陽系の化石」と呼ばれる所以《ゆえん》である。

私たちの地球の環境や太陽系の歴史をひも解くためには、小天体を調べることがとても大きな意義を持つのだ。

目指すはC型小惑星

はやぶさとはやぶさ2には計画を組み立てる上で決定的な違いがあった。それは、はやぶさは「工学実証ミッション」として、はやぶさ2は「小惑星探査ミッション」として企画されたという点だ。何せ、はやぶさは世界で初めて小惑星との往復飛行を行うミッションだ。果たして本当に小惑星へ行って帰ってこられるのか、サンプル採取が可能なのか、そういうサンプルリターンというコンセプトの技術を実証することが目的であった。

だから、極端に言ってしまえば、はやぶさの行き先の小惑星はどこでもよかった。事実、行先は、開発の遅れなどで2回変更されている。計画の変更がなければ、イトカワという名前は別の小惑星に付いていたかもしれない。

はやぶさ2は違う。はやぶさで獲得したサンプルリターン技術を踏まえて行きたい天体へ行くというのがはやぶさ2計画であった。はやぶさのプロジェクトマネージャー（プロマネ）だった川口は、「はやぶさ2」という名前はやめたら？ とよく言っていた。それは、このミッションこそが、「小惑星探査ミッション」第一号のはずだ、という想いを強く持っていたからだろう。だから、はやぶさと違って失敗できないよ、と私たちにプレッシャーをかけることも忘れなかったが。

では、行きたいところとはどこか？ ここで「C型小惑星」がキーワードになる。小惑星は、望遠鏡で見える色（専門的には、スペクトルという）で分類されている。たとえば、S型、C型、D型、E型、P型、M型……というように。ちなみに地球周辺に最も多いのはS型（Sは岩石質：Stonyを表す）だ。イトカワもS型だった。はやぶさ2計画で私たちが注目したのはＣ型だ。Ｃは、炭素質（Carbonaceous）を表す。

Ｃ型小惑星には、炭素と水が含まれていると推定されている。炭素は有機物という炭素原子が長い鎖のように連なった状態で、水は岩石の中に取り込まれた水質鉱物という状態で存在すると考えられている。炭素も水も、私たち地球上の生物にとってはなじみの、生命の根幹をなす原材料物質だ。そのような物質が太陽系にどのように散在しているのかを調べることは、地球の生命の起源を解き明かす糸口を与えてくれるかもしれない。つまり、太陽系の歴史に加えて生命の起源に関する知見が得られる、それがＣ型小惑星の魅力なのだ。

Ｃ型の魅力はもう一つある。それはＳ型小惑星の次に、地球公転軌道に近い領域に多く存在するタイプだということだ。つまり、我々の技術で到達しやすい。技術的にも、Ｓ型小惑星の次はＣ型小惑星を探査する、というのが自然な帰結と言える。

なお時折、〝はやぶさ2が生命の起源を解明する〟と大仰な触れ込みで宣伝されることがある。これは、はやぶさ2計画を実行している私たちにとっては少々こそばゆい。生命の起源はそんなに簡単なものではない。科学というのはひとつひとつの小さな、しかし確固とした証拠を地道に積み重ねることで成り立つ。はやぶさ2もその膨大な科学活動の一ピースを埋めることに貢献しようとしている。C型小惑星上で見つかる炭素が地球上の生命と関わりがあることが判明しても、その逆でも、それは生命の起源を考える上で重要な物的証拠だ。私たちは、科学者としては実際にはそのような謙虚な心持ちでいる。学会や学術論文ではやぶさ2の説明をする際も、地球の生命の起源に制約を与えるミッションだ、という説明をしている。もちろん、気持ちとしては大発見を常に期待しているのだが。

幻の独立インパクタ案

２００９年以前のはやぶさ2構想は、C型小惑星を目指すこと以外は、はやぶさの再製作の色合いが濃かった。はやぶさにはない真新しいアイディアを盛り込めないか？　そんな議論はいつも起こっており、生まれては消えていくアイディアの中から、いくつかの新技術がはやぶさ2へ新たに投入されることになる。その最たるものが「インパクタ」だ。

インパクタとは、その名の通り小惑星へインパクト（衝突）する装置のことで、物体を衝突させることで穴を掘り、地下物質を掘り返して調査するのが目的だ。天体の地下を調査する——それははやぶさも実現していない、世界で誰も実現できていなかった科学上の悲願であった。それをはやぶさ2はやろう、地下探査をはやぶさ2のテーマに加えよう、そういう活動が２００９年辺りから始まった。

地面に穴を掘るなんて、地球上では日常的にやられているから大したことないではないか、と思われるかもしれないが、なかなかどうして小惑星では一筋縄ではいかない。ほとんど無重力に等しい環境で、鍬《くわ》やドリルで穴を掘ろうものなら、自分の方が反力で宙に舞い上がってしまう。さらに、小惑星の素性、すなわち地形や地表の硬さが全く分からない。そんなところで確実に地下を掘るにはどうすればよいだろうか。私たちがいくつかアイディアを出しては検討した。代表的なのは次の４つだ。

(1) 独立インパクタ案：探査機を丸ごと高速で小惑星に衝突させる。
(2) 誘導ミサイル案：探査機から誘導飛翔体を発射して小惑星へ衝突させる。
(3) ドリル掘削案：探査機が小惑星に着陸しドリルで掘削する。
(4) 小型衝突装置案：探査機から無誘導の飛翔体を切り離し加速させて小惑星へ衝突させる。

私を含めた検討チームが当初入れ込んでいたのは、独立インパクタ案であった。独立インパクタは、３００キログラム級の探査機だ。はやぶさ2本体とは独立した探査機をもう一つ仕立てるので、〝独立〟インパクタと呼ばれていた。独立インパクタは、はやぶさ2と同じロケットで打ち上げられ、はやぶさ2とは別の軌道を辿る。はやぶさ2が小惑星へ到着した後、独立インパクタは、秒速3・6キロメートルという高速で小惑星へ衝突することで穴をあけ、はやぶさ2はその一部始終を観測する、という構想であった。

　そのような高速で飛行する探査機を、たかだか直径1キロメートル程度のサイズの小惑星へ精確に当てられるか、という点が技術上の最大の課題だった。私の他に、のちにはやぶさ2の着陸で活躍する姿勢軌道制御系担当の照井冬人《ふゆと》ら数名と技術検討をして、その実現に目処を付けたのだが、結局、もう一つ探査機を仕立てるお金はないという理由でこの案は却下となってしまった。

　このような、いい線まで行っても実現しない活動は、宇宙開発をやっているとしょっちゅうある。いいアイディアが全て採用されていたら、はやぶさ2はもっと壮大なミッションになっていただろう。いま、米国と欧州が共同で、隕石から地球を守る技術の実証として、小惑星へ探査機を衝突させその軌道を変えようというミッションを新たに２０２０年代に実行しようとしている。ＮＡＳＡはダート、欧州はヘラと名付けた探査機をそれぞれ打ち上げて、小惑星への衝突とその瞬間の観測を行うのだそうだ。私たちの独立インパクタ案は、この欧米の計画の10年先を行く案であったことを考えると、よくあることとは言え、惜しいことをしたという思いは拭い切れない。

しかし全てが却下になった訳ではなかった。ちゃんと、（４）の小型衝突装置方式でインパクタをやることがはやぶさ2計画に盛り込まれたのだ。これが10年後に、世界が驚く大成果を上げるわけだが、その種はこのようにして仕込まれたのであった。

世界の目は小天体へ

小天体探査史上最初の黄金期は、何と言っても１９８６年のハレー彗星探査であろう。「ハレー艦隊」と称して、日本・欧州・ソ連・米国がそれぞれ探査機を１、２機つくり、76年に一度となる地球最接近に合わせて一挙に打ち上げたのだ。日本にとっては、「さきがけ」「すいせい」という2機の探査機で、日本初の深宇宙探査（月より遠くへ飛行するミッション）を実現した点でも宇宙技術史上の記念碑的な出来事だった。

当時小学4年生だった私は、タイミングよくサンタクロースがくれた望遠鏡を使って、父と夢中になってハレー彗星を探したものだ。それとともに、ハレー艦隊を紹介するテレビや本は見まくっていた。特に欧州のジオットという探査機が防御シールドを装備して、尾を引くハレー彗星に突っ込みながら近接画像を撮る、その動静には興奮しっぱなしだった。

　ハレー艦隊の探査方式はすべて「フライバイ探査」だ。フライバイ探査とは、探査機を天体の近く（典型的には数百—数千キロメートル離れたところ）を通るように飛行させ、通り過ぎざまにその天体を瞬間芸的に観測する方式だ。それが、21世紀に入って、ようやく人類は小天体の「ランデブー探査」を行うまでになる。ランデブー探査はフライバイ探査より一段難しい技術だ。相対速度を殺して天体へ接近し、最終的にはその天体の周回軌道に入るか上空で静止する（つまり、ランデブーする）。当然、そのために、より高度な宇宙航行技術と多量の燃料が必要となる。

　数多くの小天体ランデブー探査が花開いた２０００—10年代が小天体探査第二黄金期と言えるだろう。00年、米国の探査機ニアー・シューメーカーが地球近傍小惑星エロスに到着。周回軌道上からの探査を1年間行ったのち、エロスへ実験的に着陸させミッションを終えた。05年、はやぶさが小惑星イトカワに到着。着陸ののち10年に地球へ帰還。米国の探査機ドーンは、11年からの1年間、火星と木星の間の小惑星帯にある小惑星ベスタを周回探査、その後ベスタを出発し、15年に準惑星ケレスに到着。約3年にわたりケレスの周回探査を行ってミッションを終えた。欧州の探査機ロゼッタは、14年にチュリュモフ・ゲラシメンコ彗星に到着。周回探査を約2年間行ってミッションを終えた。
第二黄金期は、小天体探査がフライバイ探査からランデブー探査へ、そして往復探査の高みへと到達した時代だった。往復探査の魅力は何と言っても、星のかけらを手に取ることができることだ。だから、第二黄金期の中で、いち早く往復飛行を実現したはやぶさの存在は、宇宙開発史上劇的なインパクトを持っていた。

対象が小さな天体とはいえ、惑星間飛行を行いサンプルを持ち帰ることができる。他の星の物質を手に取って分析できることが、逆説的だが小天体探査の科学的な価値を飛躍的に高めた。

２０１０年代、日本ははやぶさ2を計画。そして米国もついにこの分野へ乗り出してきた。小惑星ベヌー（Bennu）のサンプルリターンを目指すオシリス・レックスミッションだ。欧州も、小惑星２００８ ＥＶ５のサンプルリターンを目指すマルコポーロＲミッションを提案していたが、残念ながらこちらは認可されずに終わってしまった。

面白いのは、はやぶさ2、オシリス・レックス、マルコポーロＲがいずれも炭素質の小惑星を目指していたことだ。リュウグウと２００８ ＥＶ５はＣ型、ベヌーはＢ型というＣ型とは親戚のタイプの小惑星で、いずれも炭素や水質鉱物を豊富に含むとされる。次に小惑星サンプルリターンをやるならばキーワードは炭素だ、というのが世界の小天体科学の潮流だった。激しい競争が起こり始めた小天体ミッションの世界。その世界そのものをはやぶさにより創り出した日本は、２０１４年になんとかC型小惑星サンプルリターンミッション一番乗りを、はやぶさ2の打ち上げで実現したのだった。

三顧の礼と一発指令と

はやぶさ2の提案・計画段階を担っていたのは、ＪＡＸＡの中の月・惑星探査プログラムグループ（通称ＪＳＰＥＣ）という部署だ。ＪＳＰＥＣは、現在はやぶさ2を所管している宇宙科学研究所（宇宙研）とは別の組織で、２００７年に川口淳一郎をヘッドにして発足した若くて元気な組織だった。月探査機「かぐや」やはやぶさを所管するほか、「小型ソーラー電力セイル実証機イカロス」ミッションを創出し、10年に打ち上げたりもしていた。

はやぶさ2の立ち上げの対外的な折衝は、川口とはやぶさ2計画主査の吉川真《まこと》が行っていた。一方で現場の計画とりまとめで奮闘していたのは、ＪＳＰＥＣの南野浩之、中澤暁《さとる》の両氏だ。この２人はシステムズエンジニアリングとかプロジェクト運営など、プロジェクトの立ち上げに欠かせないマネジメントのプロだ。2人ともはやぶさ2をスケジュール通りの開発完了へ導いた大功労者だ。中澤は打ち上げ後サブプロジェクトマネージャーとなり、はやぶさ2の帰還まで腕を振うことになる。

一方で、私は当時、はやぶさ、はやぶさ2にも関わってはいたが、イカロスの開発の方に注力していた。イカロスは、ヨットさながら宇宙空間で大面積・超軽量の帆を広げ、太陽の光の力を受けて推進する、「ソーラーセイル技術」を世界で初めて実証する探査機だ。

イカロスは通常の科学衛星プロジェクトの10分の1の超低予算でやっていたゲリラ的なミッションで、プロジェクトの正規メンバーはチームリーダーと私の2人だけ。それ以外に5名ほどのコアメンバーで回していたため、とても他に手が回る状態ではなかった。

一方で、はやぶさ2は立ち上がるか立ち上がらないかの大事な時期。南野と中澤は、はやぶさ・イカロスで現場を知っていた私に、幾度となくはやぶさ2のマネジメントでも協力してほしいとラブコールを送ってきたのだが、私の方はこのお二方と付き合いが浅かったため、胡散臭いとりまとめ屋のおじさん達程度にしか思っていなかった。

当初の私のはやぶさ2への関わりは、もっぱら技術面においてだった。自分の持っている専門性や研究の方向性をはやぶさ2に反映することには一生懸命だったが、イカロスにかまけて、はやぶさ2のマネジメントにはほとんど協力しなかった。

このころの南野と中澤の真摯さには頭が上がらない。何度でも私のところへ来て、少々現場のことは知っているが言うことは全く聞かない私を三顧の礼を尽くすごとく忍耐強くはやぶさ2へ招じ入れようとしてくれた。おかげで今の私がある。おかげで今のはやぶさ2チームがあると、心から思う。さすがに悪いと感ずるところもあり、2009年あたりから私は計画文書作成のごくごく一部を手伝うようになった。

後日はやぶさ2が無事打ち上がった後、私は南野・中澤にこの件を謝したことがある。両氏いわく、「胡散臭いおじさんはひどい。我々はおじさんではない。」

2009年8月、JSPECプログラムディレクタの川口から呼び出しがかかった。

「はやぶさ2の提案に向けた作業を本格化したい。はやぶさの運用を熟知した君にシステムまとめをやってもらいたい。この仕事をメインに考えてほしい。」

翻訳すると、イカロスばかりにかまけてないで吉川・南野・中澤をサポートせよ、ということだったのだと思う。しかしはやぶさ2の技術開発を主導できるのは大きな魅力だった。川口は、とりまとめ以外でも君がはやぶさ2でやりたい技術は担ってよい、とも言ってくれた。イカロスは最後まで面倒を見させてもらうことを条件に、私はこの申し出を受諾した。このときから、はやぶさ2チームで、私は「プロジェクトエンジニア」と呼ばれるようになった。

もう一つ、私がプロジェクトエンジニアを受ける判断をした条件がある。それは技術メンバーの人選だ。はやぶさ2を成功させるためにどうしても必要な技術を持った人間を、私が提案できることが条件だった。これだけ短期間で挑戦的な探査機を開発するには、失敗経験があるメンバー、頭ではなく手を動かして技術を進めるメンバーがどうしても必要だ。過去の経験の尊重と、新しいことへの挑戦をバランスよく行き来できるメンバーが求められる。難しい技術を実際にまとめ上げるのはそういうタイプの人間だという強い信念が私にはあった。そのようなタイプの人間はＪＡＸＡにも多くはいない。プロジェクトエンジニアを受ける前後、私はベテラン・若手を問わず、学生・職員とかメーカー・研究者を問わず、そういったタイプの人をしきりに、はやぶさ2を題材にした技術開発や研究に誘った。イカロスや過去の超小型衛星開発のときの人脈も役立てた。はやぶさ2計画を推進する上層部の人々は、私のそのような行動を奨励してくれた。そのような素地のあるチームなら、私も自分の力を発揮できると考えた。

この時期、政府からのはやぶさ2提案への風当たりは依然として強かった。その風を一身に受けていたのは川口・吉川やJSPEC、JAXAの上層部だった。私たち、はやぶさ2計画チームの現場は、その〝防風林〟の内側でいつでも開発をスタートできるように淡々着々と計画作業を進めていた。

この当時、はやぶさ2が実現するかは、五分五分ならいい方、というのが正直な心持ち。2010年6月にはやぶさが奇跡の帰還を果たして風向きががらりと変わるのだが、当時はそのような期待もなく、出口のない暗闇でひたすら歩を進める感覚だった。

第2章
はやぶさ2の計画づくりと設計

こんな高レベルのミッション作れるか！

はやぶさの予想外の大ブームを受け、２０１０年から11年にかけて、はやぶさ2計画はめまぐるしく動いた。風向きはあっという間に順風に変わり、11年5月には「はやぶさ2プロジェクトチーム」が正式に発足した。これは、政府に予算が認められ、国家事業として正式に認可されたことを意味する。打ち上げは14年12月を目指すことになった。

プロジェクトの骨格も定まった。宇宙ミッションが決まるとき、まず定義されるのは「ミッション定義」だ。これはプロジェクトの憲法のようなもので、はやぶさ2が目指す大目標だ。

はやぶさ2は二号機らしく、「理学目標」と「工学目標」を並立して設定した。これは、本格的な探査をついに実行するのだということを内外に宣言する、堂々としたものだ。

理学目標

（1）C型小惑星の物質科学的特性を調べる。特に鉱物・水・有機物の相互作用を明らかにする。（つまり、水・有機物の探査）

（2）小惑星の再集積過程・内部構造・地下物質の直接探査により、小惑星の形成過程を

調べる。（つまり、小惑星構造、地下情報の獲得）

工学目標

（1）「はやぶさ」で試みた新しい技術について、ロバスト性（頑強さ）、確実性、運用性を向上させ、技術として成熟させる。（つまり、小天体サンプルリターン技術の完成、進化）

（2）衝突体を天体に衝突させる実証を行う。（つまり、掘削技術の実証）

そして、これらのミッション定義に対応したサクセスクライテリア（成功基準）というものを設定する。これは各目標について、何をもって成功と判定するかを事前に明確にするものだ。この成功基準を満たすようにはやぶさ2は設計されるし、プロジェクトにどんなメンバーが必要で、どの部分に集中的にリソースを投下するかが決まる。

はやぶさ2プロジェクトのサクセスクライテリアは次のような3段階に分けて設定した（表2−1）。「ミニマムサクセス」は、成功とみなせる最低ライン。深宇宙をイオンエンジンで航行してリュウグウに無事到着し、リュウグウの観測により科学的知見を得ることと定

表2–1　ミッションの定義とサクセスクライテリア（成功基準）

ミッション目標	ミニマムサクセス	フルサクセス	エクストラサクセス
【理学目標1】 C型小惑星の物質科学的特性を調べる. 特に鉱物・水・有機物の相互作用を明らかにする。	小惑星近傍からの観測により、C型小惑星の表面物質に関する、新たな知見を得る。 【達成判断時期】 探査機の対象天体到達1年後	採取試料の初期分析において、鉱物・水・有機物相互作用に関する新たな知見を得る。 【達成判断時期】 試料回収カプセルの地球帰還1年後	天体スケールおよびミクロスケールの情報を統合し、地球・海・生命の材料物質に関する新たな科学的成果を上げる。 【達成判断時期】 試料回収カプセルの地球帰還1年後
【理学目標2】 小惑星の再集積過程・内部構造・地下物質の直接探査により、小惑星の形成過程を調べる。	小惑星近傍からの観測により、小惑星の内部構造に関する知見を得る。 【達成判断時期】 探査機の対象天体到達1年後	衝突体の衝突により起こる現象の観測から、小惑星の内部構造・地下物質に関する新たな知見を得る。 【達成判断時期】 探査機の対象天体離脱まで	・衝突破壊・再集積過程に関する新たな知見をもとに小惑星形成過程について科学的成果を挙げる。 ・探査ロボットにより、小惑星の表層環境に関する新たな科学的成果を挙げる。 【達成判断時期】 探査機の対象天体到達1年後
【工学目標1】 「はやぶさ」で試みた新しい技術について、ロバスト性、確実性、運用性を向上させ、技術として成熟させる。	イオンエンジンを用いた深宇宙推進にて、対象天体にランデブーする。 【達成判断時期】 探査機の対象天体到達時	・探査ロボットを小惑星表面に下ろす。 ・小惑星表面サンプルを採取する。 ・再突入カプセルを地球上で回収する。 【達成判断時期】 試料回収カプセルの地球帰還時	なし
【工学目標2】 衝突体を天体に衝突させる実証を行う。	衝突体を対象天体に衝突させるシステムを構築し、小惑星に衝突させる。 【達成判断時期】 生成クレーター確認時	特定した領域に衝突体を衝突させる。 【達成判断時期】 生成クレーター確認時	衝突により、表面に露出した小惑星の地下物質のサンプルを採取する。 【達成判断時期】 試料回収カプセルの地球帰還時

義した。また小惑星へ衝突体を当てることもミニマムサクセスと設定した。
「フルサクセス」は完全成功。リュウグウのサンプルを採取すること、着陸機を地表へ下ろすこと、狙った地点に人工クレーターを作りそこから科学知見を得ることと定義した。また、地球帰還後の初期のサンプル分析もフルサクセスと定義した。
「エクストラサクセス」は、可能ならば目指す成功ライン。何せリュウグウは人類が訪れたことのない天体だ。はやぶさ2をいくら高性能に作ってもリュウグウの環境次第で出来ないこともありうる。一方でせっかく訪れる天体だから、目指せることは可能性が１００％でなくても目指したい。そのようなものをエクストラサクセスにすると決めた。具体的には、リュウグウの総合科学的な知見を得ることと、人工クレーター内の地下物質の採取をすることと定義した。

こうしてみると、はやぶさ2のミッションは、はやぶさと比べて格段に難易度が上がっていることがお分かりだろう。はやぶさの、１つでもできれば１００点という加点方式から、はやぶさ2では小惑星への到着が最低ライン（ミニマムサクセス）、サンプルを採取し地球へ帰ってきてやっと一人前の成功（フルサクセス）となったのだから。

こんな高レベルのミッション作れるか！――はやぶさがなければ、我々技術者の誰もがそう思っていたに違いない。

小惑星へ着陸し地球との間を無事往復する技術は私が請け負うしかない、そう覚悟した。しかしもう一つの難関、人工クレーター作成については私の手に余った。

佐伯《さいき》孝尚《たかなお》という男がいる。人工クレーターを作る装置「小型衝突装置」の開発を担当した男だ。彼は超心配性な癖にいつも凄いことをやり遂げてしまう宇宙工学のスーパーエキスパートで、のちに私がプロマネになった際に、私の後を継いでプロジェクトエンジニアになった。彼はこのはやぶさ2のミッション定義にいつも不平を言っていた。いわく、「衝突装置」はそもそもミッションそのものが世界初でクレイジーなほど挑戦的なのに、ミニマムサクセスに設定するなんて、はやぶさ2プロジェクトはみんなクレイジーだ——これはごもっともで、工学者としてしごく冷静な意見だった。しかし一方で私や他のメンバーはこのようにも思っていた。佐伯が衝突装置を担当するからミニマムサクセスに設定したのだ、と。事実、この不平を言うときの彼はいつもいい顔をしていた。おかげで、はやぶさ2ははやぶさとは質の違う成果を目指すこと、積極的に新しい技術に挑むのだということを切れ味よく宣言するミッションにすることができた。

本章の以降の節では、はやぶさ2計画を「飛行計画の作り方」「機体はどんな設計になっているか」「サンプルリターンのキー技術」「ミッションを面白くする変わり種の技術」「みんなの想いを乗せる」「国境を越えたチーム作り」に分けてキーポイントを説明しよう。

飛行計画の作り方

（1）目標天体を探せ

小惑星ミッションの計画作成の一番最初の作業が、行き先となる小惑星を探すことだ。対象となる小惑星は発見されている数十万個。その中からC型小惑星で、かつはやぶさ2の性能で往復できる天体を抽出する。この時点ではやぶさ2や打ち上げロケットの性能は確定していたわけではないが、おおよそ当たりをつけながら絞り込んでいく。

ここが軌道設計屋の最初の仕事だ。軌道設計は、非線形のキャンバスに描く絵画のようなものだ。非線形とはまっすぐではない空間のこと。ふつう2点を結ぶ最短距離は定規をあてて直線を引けばよいが、軌道設計の定規はまっすぐではない。専門的には「円錐《えんすい》曲線」と呼ばれるカーブなのだが、その法則に従って太陽系のすべての天体の重力にできるだけ逆らうことなく滑らかな曲線を描けると、それが美しい軌道設計ということになる。直線と異なり2点を結ぶ線のひき方は幾通りもあるから、軌道設計には設計者の感性やセンスが反映される余地がある。

候補となるすべての小惑星に対して、その小惑星と地球を結ぶように軌道設計の曲がった定規をあててみる。定規と言っても実際は複雑な計算だから、骨の折れる作業だ。そのようにして結果として見つかった候補天体は3つだった。3つとは、リュウグウ、ベヌー、２００８ ＥＶ５であり、それぞれ日・米・欧のサンプルリターン計画の目標天体となったのは前述の通りだ。

数十万個も小惑星があるのに候補がたった3つというのは意外と思われるかもしれない。その理由は、第一に、はやぶさ2の能力で往復できるような地球の公転軌道付近ではC型小惑星の数自体が少ないこと、第二に、軌道設計ではタイミングと燃料を両立させることが非常に難しいということだ。奇しくもちょうど3つ見つかり、日米欧で目的地を分け合えたのは、幸運と言うべきかもしれない。（残念ながら欧州の計画はなくなったが。）

今の人類の技術で行けるC型小惑星として、リュウグウの存在のなんと貴重なことか！軌道設計の結果はそのことをまざまざと物語っているのだ。

余談だが、小惑星の中にはS、C型などのタイプが未調査の小惑星もたくさんある。そういう未知の天体の中にも私たちが追い求めるC型小惑星があるかもしれない。そういう淡い期待から、タイプは未知だが軌道が既知ではやぶさ2の能力で到達できる小惑星を探しては、世界中の天文台に観測を依頼し、タイプを見分けてもらうという活動も行った。プロジェクトはいつ何時でも不測のことが起こりうる。万が一何らかの理由でプロジェクトが遅延しリュウグウを目指せないことになってしまった場合でも、はやぶさ2計画自体が無に帰さないように、藁をも掴む思いで数十の小惑星を観測したのだった。しかし収穫はゼロ。プロジェクト活動には、物事を前に進めるだけでなく、労力を惜しまずリスクを下げ足元を固める地道な努力がたくさんあるのだ。

（2）連続推力軌道設計の妙

目標天体がリュウグウに定まり、軌道計画も固まった（図版2-1）。２０１４年12月に地球を出発。直接リュウグウに向かうのではなく、まず地球と並走する形で1年間飛行する。1年後の15年12月に地球と再接近し、「スイングバイ」を行う。この地球スイングバイにより、軌道をリュウグウ方向に曲げ、加速する。そして2・5年の飛行の後、18年6月にリュウグウへ到着する。リュウグウには1年半滞在する。リュウグウ出発は19年11月。1年の飛行の後、20年12月に地球へ帰還する、というのが完成した軌道計画の全容だ。

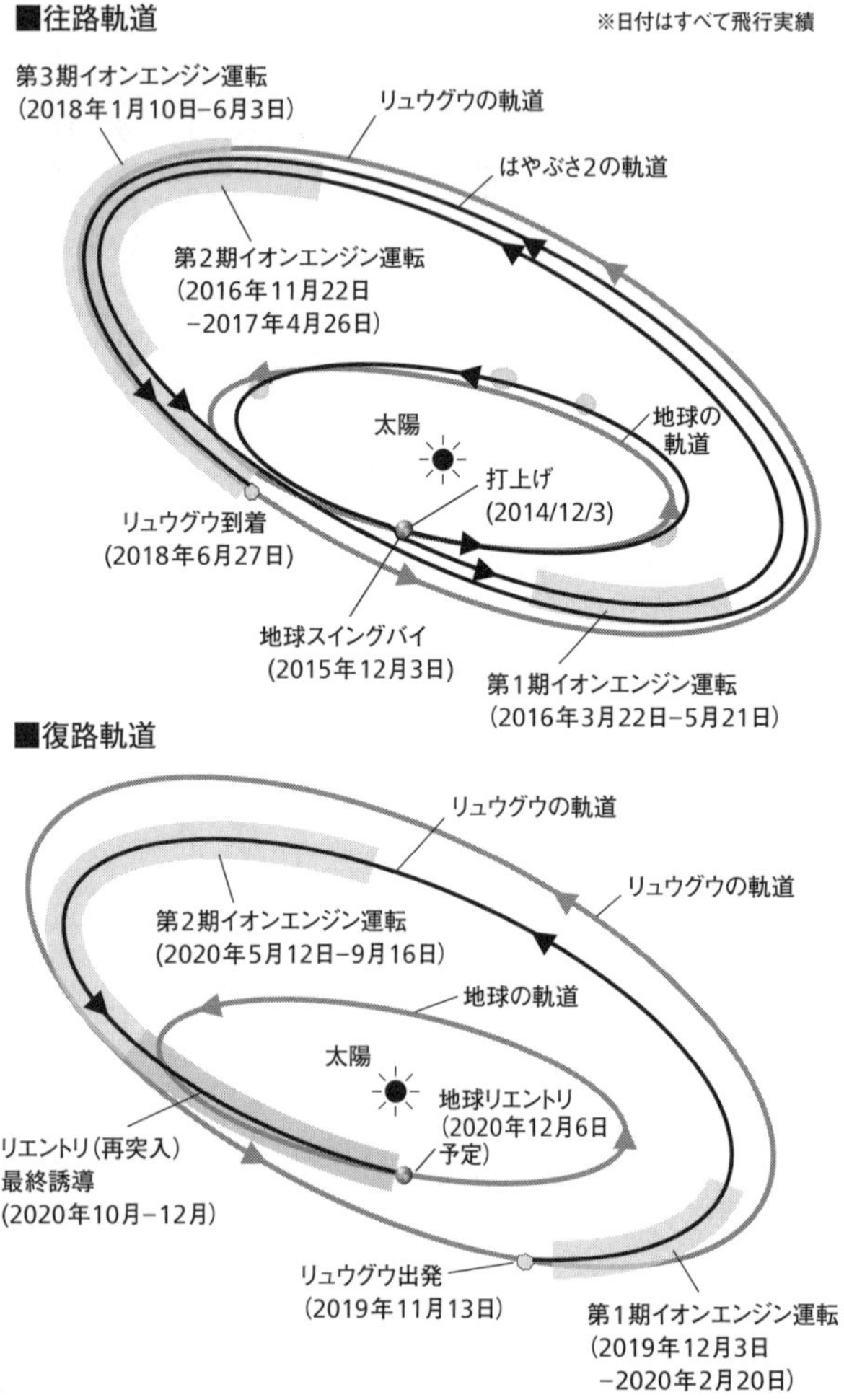

図版2–1　はやぶさ2の軌道計画　原図(©JAXA)をもとに津田作成

往路も復路もイオンエンジンで軌道制御を行う。イオンエンジンによって獲得する加速量の合計は、時速５４００キロメートルほど。新幹線の20倍、飛行機の６倍の速度に相当する。これほどの加速量を探査機全体の重さ６０９キログラムに対し、たった30キログラムほどの燃料で出してしまうのが、イオンエンジンの威力だ。

ただこのイオンエンジンを使った軌道設計は一筋縄ではいかない。何しろ何日にもわたって連続的にエンジンを噴射するのだ。推力を発生しない自然天体の軌道とは異なり、その間ずっと軌道の形状が変わっていく。時々刻々、正しい方向、正しい強さで噴射しない限り目的地へは辿り着かない。17世紀から伝わる古典的なケプラーの法則は適用できず、特別な軌道設計のテクニックが必要なのだ。

はやぶさ２に要求されるこのような「連続推力軌道設計」は、ＪＡＸＡとＮＥＣの共同作業で行っていた。ＪＡＸＡ側では私が担当し、ＮＥＣ側は加藤貴昭、松岡正敏らが担当した。特に松岡は、はやぶさ初号機の軌道設計も担当した心強いベテランだ。

軌道設計のソフトウェアはＪＡＸＡとＮＥＣがそれぞれ独自のアルゴリズムを開発した。ＮＥＣははやぶさから受け継いだものを、加藤が見事にはやぶさ２向けに作り直した。ＪＡＸＡ側は川口のアドバイスを受けつつ私が新たに作成した。こうしてできた２つの独立したソフトウェアで、リュウグウ往復52・4億キロメートルの飛行計画を様々な観点で評価し、数メートルの精度で一致するまで互いに磨き合った。

はやぶさ2プロジェクトの面白いところは、こういう「磨き合い」をしていると勝手に参戦を望む輩がわらわらと現れてくることだ。軌道計算で腕に覚えのあるJAXAメンバーや、軌道決定（太陽系内のどこを飛行しているかを割り出すナビゲーション）を担当する富士通などのメーカー担当者が、自分の計算によるとこうです、と勝負を挑んでくる。はやぶさ2の飛行の信頼性は、こういった太陽系飛行を面白がって「嗜《たしな》む」人々に支えられている。

(3) スイングバイの原理

太陽系探査で使われる軌道計画の中には、魔法のような美しさと複雑さをもつものがある。米国のボイジャーという探査機は、木星・土星・天王星・海王星を次々にスイングバイすることで飛行速度を増し、最終的には太陽系を脱出した。同じく米国の探査機ガリレオは、木星に到達するために、（地球より内側の！）金星で1回、地球で2回のスイングバイを行った。現在水星に向けて飛行中の日欧共同ミッション「ベピコロンボ」は、水星に到達するために地球で1回、金星で2回、水星で6回ものスイングバイを行う。

〝調律された複雑さ〟と言うべきか。私自身が軌道設計に惹かれたのも、この魔法の神髄を知りたいというのがきっかけだった。

ここで、そのスイングバイの原理と効能を平易に解説してみようと思う。スイングバイとは、探査機を惑星のごく近くに飛行させることにより、惑星の重力を利用して大きく軌道を変化させるテクニックだ。燃料を使わずに飛行速度を増減させたり、飛行方向を変化させる効果がある。

無限遠方からある速度（入射速度）で惑星に向かって物体を飛行させると、惑星重力の影響で飛行速度はどんどん加速する。そして惑星近傍で重力により軌道が曲がり、その後遠ざかっていく。遠ざかるときも惑星の重力に引っ張られるので、今度は飛行速度はどんどん遅くなる。最後に無限遠方に遠ざかったときの速度（出射速度）は、入射速度と同じになる。つまり、物体を惑星近傍に飛行させると、前後の速度は変化しないが方向だけ変わるのだ（図版2－2の(2)）。

これは、斜めに置いた硬い立て板に、スーパーボールを投げ当てたときの現象によく似ている。立て板にボールを投げると、立て板の角度によってボールの跳ね返る方向は変わ

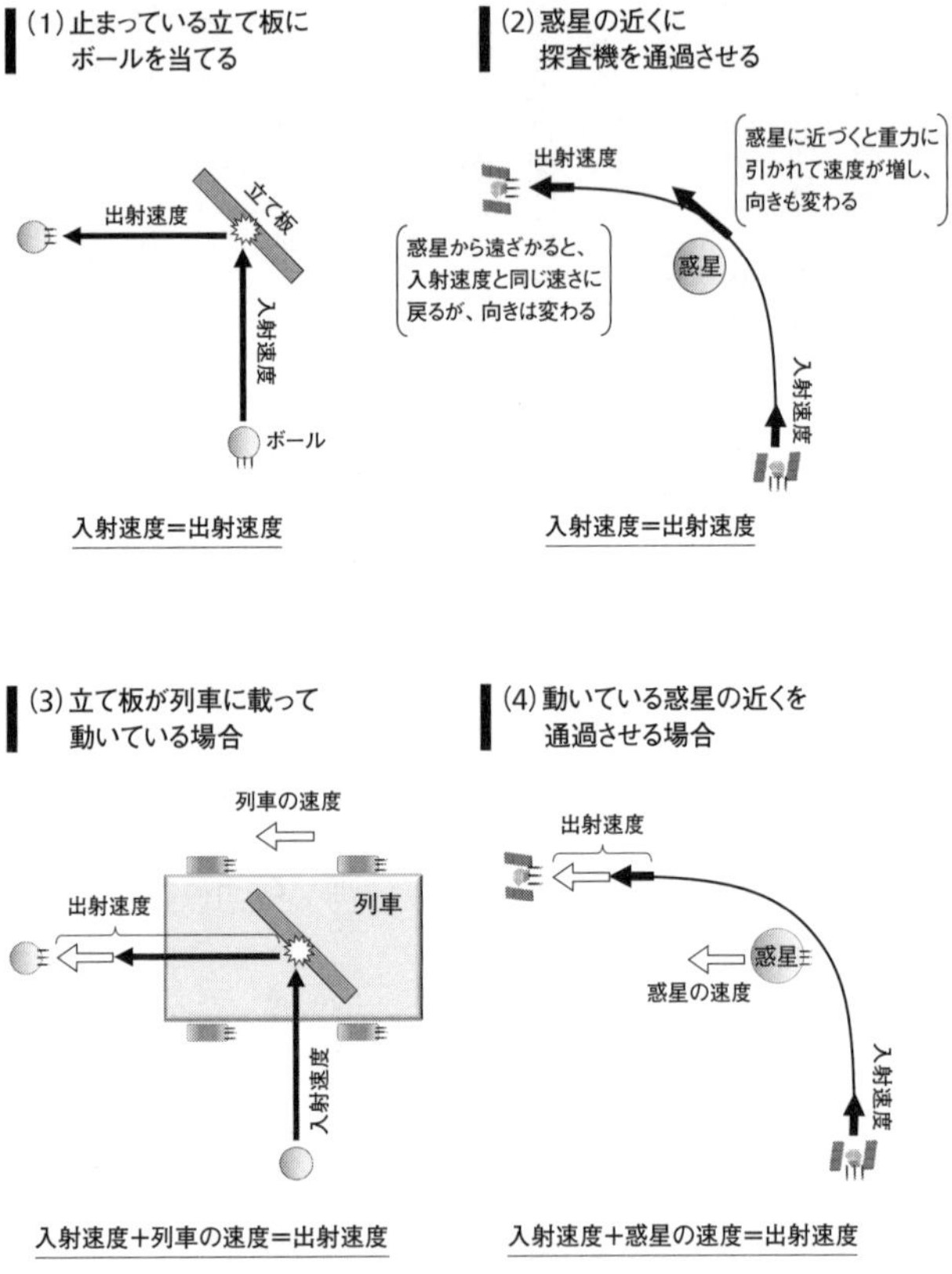

図版2–2　スイングバイの原理の簡単な解釈　津田作成

るが、ボールの速さは立て板に当たる前後で変化しない（図版2－2の⑴）。これは高校物理の用語でいうところの「運動量保存則」と「力学的エネルギー保存則」であり、スーパーボールもスイングバイも、同じ物理法則で説明される。ボールの跳ね返る方向が立て板の角度によって調整できるのと同様、スイングバイでも、惑星のどれだけ近くを通すかによって、軌道の曲がり方を調整することができる。

さて、ここからがミソだ。もしこの立て板が列車の上に載っており、その列車がある速さで動いていたらどうだろう。その列車に乗っている人から見ると、ボールの跳ね返り前後の速さは変わらない。しかし、列車を外から見ている人（ボールを投げた人）から見ると、跳ね返り後はボールの速さに列車の速度が加わるのでボールの速さは変化する（図版2－2の⑶）。

惑星は太陽の周りを公転するので、動いている。太陽系を飛行している探査機が惑星のごく近傍を、ある速さで接近する。惑星近傍を通過することで、立て板に当たったように探査機の飛行方向が変化する。惑星からその様子を観察すると、飛行速度が接近前後で変化せず方向のみ変化したように見える。しかしそれを外から（太陽系全体を俯瞰する視点から）見ると、惑星速度分が加味されて、探査機の速度が増えたり減ったりする（図版2－

2の⑷。それにより所望の飛行速度を燃料なしで獲得するのが、スイングバイなのだ。

このスイングバイというテクニックは、惑星の近傍のどこを通すかで軌道の曲がり方と増速量がとても敏感に変化する。それは立て板の角度を少しでも変えるとボールの出射速度と方向が変わることに対応する。だから所望の出射速度を得るには、非常に高い精度で惑星近傍の一点を通してやる必要がある。その一方、何しろ惑星の巨大な重力を利用できるから、いくら燃料を使ってもできないようなドラスティックな軌道変更が可能だ。これが軌道設計屋が使う魔法の正体だ。

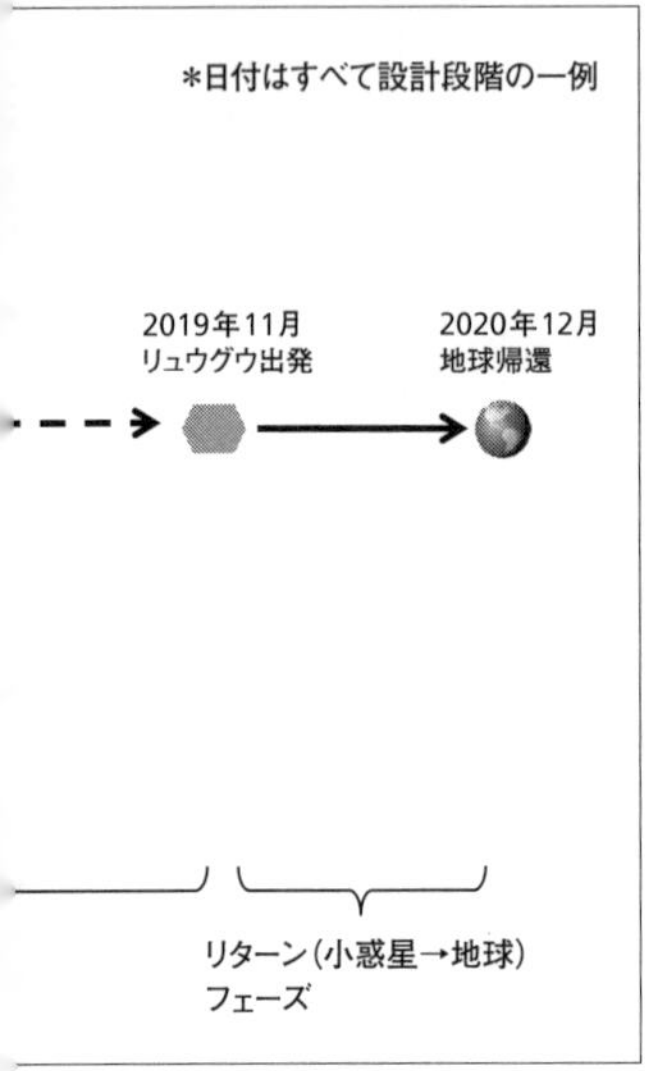

はやぶさ2では、地球を使ったスイングバイを行うことにした。これは、ロケットの打ち上げ能力だけではリュウグウに到達する十分なエネルギーがなかったからだ。（正確には、ぎりぎりやろうと思えばできたが、余裕のない軌道設計になった。）この地球スイングバイで獲得できる増速量は時速5800キロメートル。イオンエン

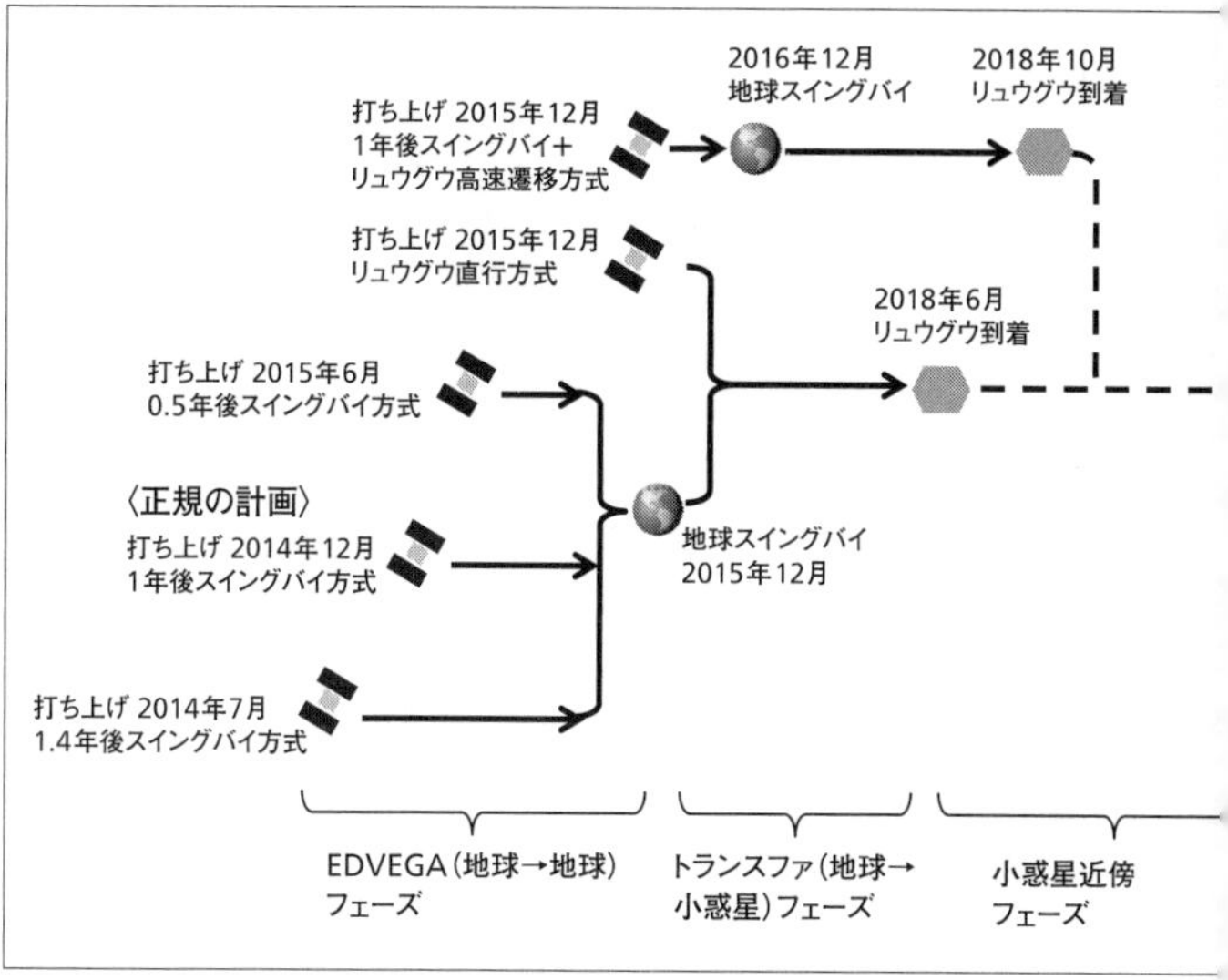

図版2–3　はやぶさ2のさまざまなバックアップ軌道設計　津田作成

ジンの加速量が時速5400キロメートルだったから、はやぶさ2のリュウグウ往復には、イオンエンジンとスイングバイの威力をほぼ半々で利用しているということになる。

　はやぶさ初号機でも地球スイングバイを使った。はやぶさもはやぶさ2も、現行のロケットとイオンエンジン技術で到達可能な領域以上のところを狙った。それを可能ならしめたのが私たちが培ってきた軌道設計技術なのだ。

（4）飛行計画を仕上げる

　実はスイングバイを活用することで、

リュウグウに到達可能な飛行計画のバラエティーは格段に増える。地球からリュウグウへ到着し、その後リュウグウから地球に帰還する一連の飛行を長すぎも短すぎもしない期間で行える飛行経路はそう多くない。２０１０年代でいうと、18年にリュウグウに到達するチャンスしかなかった。

しかしスイングバイを挟むと、リュウグウ到達時期を変えることなく、打ち上げ時期に変化をつけることができる。その中から最もはやぶさ2計画のリスクが小さいシナリオを選択した結果が、２０１４年12月打ち上げであった。そのほかに、14年7月打ち上げ、15年6月打ち上げ、15年12月打ち上げの方式もあった（図版2－3）。しかし、打ち上げが早いと開発スケジュールを圧迫し、遅いとリュウグウ到着までの飛行時間が短くなってイオンエンジン稼働率が高まり、運用上のリスクに難があった。

もうひとつ、飛行計画成立の立役者として、Ｈ２Ａロケットのことを紹介しておきたい。はやぶさ2はＨ２Ａロケット26号機で打ち上がったが、その打ち上げに際し、Ｈ２Ａとして初めて「ロングコースト」という打ち上げ方式が採用された。これははやぶさ2プロジェクトからＨ２Ａを作る三菱重工へ提案したもの。はやぶさ2を深宇宙へ打ち出す前に、地球の周りを敢えてぐるりと1周してから、地球重力圏を脱出するという飛行法だ。はやぶさ2の打ち上げ直後の地上局との通信や、日照条件の観点から、ロングコーストの方が望ましかった。しかし、地球の周りを余計に1時間半かけて飛行するため、ロケット燃料である液体水素・液体酸素が蒸発しないための工夫、飛行中にロケットからはやぶさ2へ電力を供給する工夫、飛行精度を保つ工夫など、数多くのはやぶさ2オーダーメイドの工夫が必要だった。三菱重工のエンジニアは、こういう新しい挑戦を果敢に行い、見事にものにし、しまいにはそれらの新技術ははやぶさ2のためだけではなくH2Aの新たな機能ラインアップとして追加された。

機体はどんな設計になっているか

今度は、はやぶさ2の機体がどのような設計になっているか、一巡りして説明しよう。この節は技術用語が頻繁に出てくる。愛着があるのでついたくさん書いてしまっているが、早く先が知りたい！という方は読み飛ばしても差し支えない。

軌道計画と推進性能はセットだから、軌道設計ができた時点で探査機のスペック（性能）が決まる。探査機の質量は約600キログラム。イオンエンジンの推力は最大30ミリニュートン（1円玉約3個分）。質量も推力もはやぶさの25％増しだ。固定式の太陽電池パドルが両翼計2枚、最大2・5キロワットの発電能力を持たせる。探査機の上面には、地球との通信のための平板ハイゲイン（高利得）アンテナが2枚、トンボの眼鏡のように並べて設置されているのが特徴的だ（図版2－4）。

そして、リュウグウ到着後に小惑星側を向くことになる探査機底面には、観測機器がひしめき合うように搭載される。光学航法カメラ（ONC－T、ONC－W1）、中間赤外カメラ（TIR）、近赤外分光計（NIRS3）、レーザー高度計（LIDAR、LRF）など。それに着陸（サンプラーホーン、ターゲットマーカー）や人工クレーター生成のための衝突装置（SCI）、表面探査ロボット（ミネルバII）などが加わる。

探査機側面には、星を撮影し自分の向いている方向を計算するスタートラッカというカメラが2台、大気圏突入カプセル、着陸機マスコット、イオンエンジン、光学航法カメラ（ONC－W2）が取り囲むように配置されているほか、探査機内部の熱を外に逃がすための放熱面が設置される。化学推進系の噴射装置（スラスタ）は合計12基、機体のあらゆる方向への並進・回転運動を賄えるよう、噴射口を様々な方向に向けて配置されている。

はやぶさ2のアンテナは、先述のハイゲインアンテナだけではない。探査機がどの方向を向いてもきちんと地球と通信が出来るよう、ローゲイン（低利得）アンテナやミディア

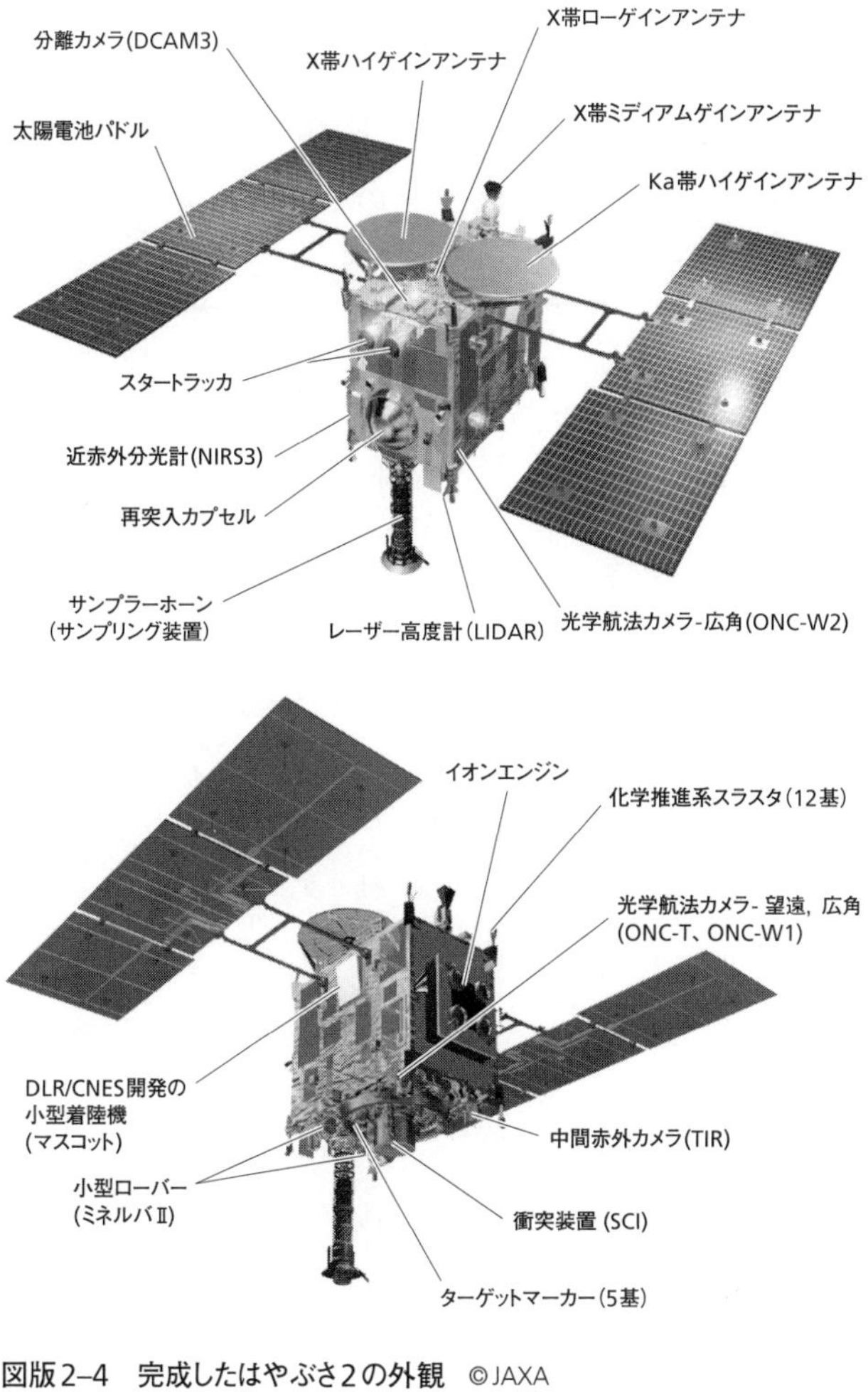

図版2–4　完成したはやぶさ2の外観　©JAXA

ムゲイン（中利得）アンテナと呼ばれる小ぶりのアンテナも取り付けられている。これらはハイゲインアンテナのように鋭く絞った電波のビームを地球に送るのではなく、広い範囲に薄く広く、ただし遅く、電波を送れるのが特徴だ。

探査機の内部も所狭しと様々な装置が並ぶ。探査機を動かす心臓部となるコンピュータは5台。この5台でデータ処理、姿勢誘導航法（主・従2系統）、航法画像処理、ミッション機器制御を司る。化学推進系、イオンエンジンの推薬タンクも探査機内部に収められている。これらのコンピュータには自律判断に基づいて自動的に作業を進める機能が備わっている。つまり、はやぶさ2は、5つの頭脳による分散システムということができる。

外見が初号機と似ているのは、初号機の技術的蓄積を最大限活かす意思の表れだ。実際、プロジェクト発足からたった3年半で打ち上げにこぎつけることができるのは、この初号機からの遺産のおかげだ。太陽電池をどこに取り付けるか、どんな方式で小惑星のサンプルを採取するか、といった探査機構成を決める根本的な部分のコンセプト検討はスキップできた。設計哲学は初号機を踏襲し、搭載機器は時代に合った最新のものを採用する、というのが我々の開発方針だった。

探査機質量は、初号機は５１０キログラムだったから、およそ１００キログラム重くなったことになる。このうちの半分は、初号機で起きたようなトラブルが起きないよう信頼性向上に充てた。残り半分は、リュウグウの探査をしっかり行うための観測機器の充実に充てた。

サンプルリターンのキー技術

はやぶさ2の根幹技術は何か？　と問われたら、以下の4つを答えるだろう。（1）イオンエンジン、（2）光学誘導航法、（3）サンプル採取技術、（4）高速大気圏突入技術。これらはまさに、はやぶさが「工学実証項目」として掲げていた柱だ。はやぶさの4大技術を活かし、進化させることが、はやぶさ2計画の技術の要諦だった。

（1）イオンエンジン

イオンエンジンは、キセノンを燃料とする極端に燃費のいい宇宙用の推進機関だ（図版2－5）。キセノンをマイクロ波のエネルギーで電離させ、その電荷を帯びた粒子（プラズマという）に高電圧をかける。プラス電荷の粒子がマイナスの電極に引き付けられることを利用し、キセノンのプラズマ粒子を加速し宇宙空間へ射出する。その反動で機体を推進させるという原理だ。発生できる力は1グラム重。地球上で一円玉

図版2–5　イオンエンジンの真空空間内での噴射試験の様子 ©JAXA

ひとつを持ち上げられる力。しかし、その１グラム重を1年間ずっと発生し続けるのに必要なキセノンの重さはたった10キログラム。それではやぶさ2を時速２０００キロメートルまで加速することが可能なのだ。普通のロケットエンジン（燃料と酸化剤の化学反応を利用した推進機関）ならば、同じ燃料量で加速できる量は10分の1だ。イオンエンジンは、力は弱いが超絶持久力のある推進機関なのだ。

　このイオンエンジン、初号機では目玉技術として4台搭載され、４つとも飛行の中途で故障した。壊れたエンジンどうしの機能を組み合わせて何とか地球帰還までこぎつけたことが、はやぶさの不屈の飛行の象徴にもなった。

しかしその裏では、美談に酔わず、はやぶさで経験したあらゆるトラブルを次の設計に活かそうとする、宇宙研イオンエンジングループの長くて地道な努力があった。

（2）光学誘導航法

「光学誘導航法」とはちょっと難しい言葉だが〝視覚情報〟を使って探査機の飛行ルートを操る技術の総称だ。つまり、搭載したカメラにより、小惑星を発見し、接近し、地形を認識し、最終的には着陸に至る技術のすべてを含んでいる。

何せ、リュウグウの軌道は地球上の望遠鏡から観測した情報だけに基づいているので、５００キロメートルほどの不確定性（いわゆる誤差）がある。これではたかだか直径1キロメートルの小惑星に到着できないし、ましてや着陸など不可能だ。そこで、探査機自身の〝目〟を積極的に活用して探査機の飛行ルートを決め、その通りに飛ばそうというのが光学誘導航法技術なのだ。

はやぶさ2における光学誘導航法は3段階ある。1段階目は、小惑星へ到着するフェーズ。太陽系空間を飛行していたはやぶさ2が初めてリュウグウのあるであろう方向を撮影し、その写り方から小惑星の位置を特定する。こうすることで、５００キロメートルも誤差のある小惑星の上空高度20キロメートルにぴたりとはやぶさ2を横づけすることができる。この作業はリュウグウの１００万キロメートル以上手前から行うので、画像1ピクセルの誤りが大きく影響してしまう。そのため非常に厳密な計測と精密な計算が必要になってくる。

2段階目は、小惑星へ降下するフェーズ。高度20キロメートルの位置から、着陸や低高度観測のためにゆっくり落とす際に、はやぶさ2は常にカメラとレーザー高度計で自分の位置を測り続ける。小惑星が画面のどこに写っているか、地表の地形がどのように写っているか、そしてどのような飛行ルートを採るべきかは、地上で専門のオペレータが割り出す。つまりこのフェーズは、はやぶさ2と地上のオペレータの共同作業になるのだ。実は、初号機ではこのフェーズを当初探査機だけで自動で行うことになっていた。が、いざはやぶさのカメラでイトカワを写してみると、小惑星の陰影や色合いなど、状況が刻一刻と変わるために、はやぶさの自動システムが〝目を回して〟しまった。その代替手段として編み出されたのが、探査機と地上が一体となって小惑星へ精確に降下するテクニックだった。はやぶさ2はこの方式を正式採用した。ここでも、はやぶさの経験が活きている。

3段階目は、小惑星へ着陸するフェーズ。リュウグウ滞在中、探査機と地球の間の距離は2・4—3・6億キロメートルと変動し、通信には片道14—20分かかる。だから、本当に地面に近いところで、探査機は地球からの指令で動くわけにはいかない。着陸間際の最後の500メートルは、探査機が自分の力だけで、カメラとレーザーで自分の位置を測定し、軌道を修正し、着陸に至ることにしている。着陸の最終段階では、「ターゲットマーカー」と呼ばれる直径10センチメートルほどの〝お手玉〟を用いるのだが、それについては後の章で詳しく説明しよう。

はやぶさ2では、2つの着陸方式を計画していた。1つ目は、初号機と同じ方式での着陸で、その着陸精度は誤差50メートル。2つ目は、はやぶさ2が作る人工クレーターの近くに着陸するために、新たに考案した「ピンポイントタッチダウン」という着陸方式。その着陸精度は2メートルを目標にしていた。通常の着陸では、ターゲットマーカーを1つ消費するが、このピンポイントタッチダウンでは、最大3つのターゲットマーカーを使う。このことにより着陸精度の向上を狙った。この「ピンポイントタッチダウン」方式が、後ではやぶさ2の窮地を救うことになる。

(3) サンプル採取技術

小惑星のサンプルを採取する方式は、初号機を踏襲することを早くから決めていた。まず、5グラムのタンタル（レアメタルの一種）製の弾丸を秒速300メートルで地面に打ち込む。その衝撃で破砕された地面のかけらのうちいくらかが、サンプラーホーンと呼ばれる約1メートル長の筒の中を駆け上がって、サンプルコンテナと呼ばれる収納容器に入る、という方式だ。

この方式の利点は、小惑星の表面が砂であろうが岩盤であろうが、サンプルの採取が見込めることだ。期待される収量は3回の着陸の合計で100ミリグラム。これだけあれば、世界中の科学者が研究に使えて、次世代の研究者にも残せる十分な量だ。もちろん、相手が砂あるいは岩と決めてかかれるなら、もっと効率の良い採取法を考えられたのだが、前もっては誰にもわからない。これが、成果を確実に出す最善の策であった。

はやぶさ2のサンプル採取装置は、主に3つの点で初号機から改良した。1つ目は、サンプル収納容器の仕切りを2つから3つへ変更したことだ、これにより、最大3回着陸したときでも、それぞれのサンプルを混ぜ合わせてしまうことなく地球に持ち帰ることができる。

2つ目は、今回の目的地はC型小惑星なので、採取の際、かけらから揮発するガスも採取できる可能性があった。そこで、サンプル収納容器の密封性を高め、ガスを閉じ込められるようにした。

３つ目は、サンプラーホーンの先端、地面と接触する部分に鉤《かぎ》爪をつけたことだ。これにより、着陸時に小さな石ころを引っ掛けて採取できる可能性を高めた。

サンプル採取装置は、はやぶさ２の機体の中でもっとも複雑なメカだ。弾丸を発射し、サンプルを格納し、格納後に密封し、大気圏突入カプセルに移送し、サンプル採取装置からは切り離す一方でカプセルからは絶対に外れないようにしっかり固定する。この一連の流れはとても繊細な動きで構成されていた。

このサンプラーホーンの開発を担当したのが澤田弘崇《ひろたか》だ。澤田は機械設計の超絶エキスパートで、私とは大学時代の小型衛星開発から一緒にやってきた仲間だ。机が汚く、顔がイケメンで、仕事ぶりが情熱的リアリストの彼は、はやぶさの設計の改善点を見つけてはメーカーと一緒になって試験を繰り返し、Ｃ型小惑星専用のサンプル採取装置を着々と仕上げていった。

初号機の経験でもうひとつ活かされた点がある。それは地上に帰ってきたサンプルの取り出し方だ。初号機のサンプル採取装置はばっちり機能した。しかし、宇宙で間違いが起こらないよう頑丈に作った結果、地球帰還後にそこからどうやって星のかけらを取り出すかで難渋した。そこではやぶさ2では分解手順も考慮した改良がなされた。ここには、はやぶさのサンプル分析チームの実経験が活かされている。地上分析チームが最初からかかわる、というのもはやぶさ2計画の大きく進化したところだろう。

（4）高速大気圏突入技術（カプセル）　小惑星から戻ってきた探査機から切り離され、最後に地球に戻ってくるのが大気圏突入（再突入）カプセルだ。耐熱シールドでまわりを固められた直径40センチメートルほどの中華鍋のような形の飛翔体で、大気圏突入時に空力加熱（空気の流れがせき止められて空気の運動エネルギーが熱エネルギーに変換されること）で数千度にも熱せられながら、カプセル内部の部品や、大切な小惑星サンプルを常温に保つことができる。有人宇宙船や人工衛星と異なり、太陽系飛行からダイレクトに地球大気圏に高速（秒速約12キロメートル）で突入しても耐えられるように作られたこの大気圏突入カプセルは、いうまでもなくサンプルリターンのための重要なキー技術だ。

この大気圏突入カプセルもメカの塊だ。大気圏突入し高温の空力加熱に耐えた後、前後の耐熱シールドを切り離し、パラシュートを展開する。〝居場所〟を知らせるためのビーコン電波を発信しながら緩降下し、着地。着地後は風で飛ばされて転がらないよう、パラシュートを切り離す。

初号機は、大気圏突入に耐え地球に帰還する最低限の機能で設計されていたが、はやぶさ2では、貴重な大気圏突入時の飛行環境データを計測する装置（温度計や加速度計）が追加された。

ミッションを面白くする変わり種の技術

ここまで、ひととおりミッションの根幹技術を説明した。しかしこれで終わらないのがはやぶさ2だ。もう少しお付き合い願いたい。ミッションの魅力を増すために、そして貴重な宇宙飛行のチャンスをしゃぶりつくすために、限られたスペース、限られた予算で最大限工夫し、最大限楽しむ、という精神が、はやぶさ2チームには最初から息づいていた。その一端をここでは紹介しよう。

（1）インパクタ（SCI）と分離カメラ（DCAM3）　先述の通り、インパクタは小型衝突装置方式に決し、佐伯が開発を担当した。飛行機の機内持ち込み荷物をCarry-on Baggageというが、これは探査機が小惑星まで抱きかかえて持ちこむことからSmall Carry-on Impactor（ＳＣＩ）と名付けた。

　ＳＣＩは、直径・高さともに30センチメートルの円柱形状で、特大サイズのホールのショートケーキを重ねたような大きさだ。それが小惑星上空５００メートルではやぶさ２から切り離された後、タイマーにより起爆し、１ミリ秒以下という一瞬のうちに銅製の弾頭を秒速2キロメートル（時速７２００キロメートル）に加速させる。成形炸薬の技術が使われていて、直径30センチメートルの平らな純銅の円板が爆圧で球体に変形しながら飛んでいくのが特徴だ。小惑星に当たるころには直径13センチメートルの球形になっている。上空で爆発し、純銅が小惑星表面に衝突する、というのがミソだ。爆薬は炭素を含む複雑な化合物だから、もし小惑星表面で爆発させたら、せっかく苦労して穴を掘っても、そこで検出される成分が爆薬によるものなのか、小惑星にもともとあった成分なのかが判別できなくなる。ところが純銅は自然界にそのままでは存在しない物質なので、弾頭の素材としてはうってつけだった。

　ＳＣＩは、はやぶさ2の中でも最も新規性が高く難度の高い技術だったが、佐伯と日本工機、ＩＨＩエアロスペースなどの企業がタッグを組んで、見事に開発を間に合わせた。

　ここでひとつ議論が生じた。ＳＣＩが起爆する際に、探査機は安全な場所に逃げなければならない。ＳＣＩの起爆と、小惑星へのインパクトの2つの瞬間、大量の破片が四方八方に飛ぶ。はやぶさ2をその破片で壊すわけにはいかない、穴を開ける技術は目処がついたが、探査機を含めた全体の成立性はまだ見えていなかった。

２００９年のある日、佐伯、澤田、私の3人が会議室に集まった。ホワイトボードの前で、退避経路や衝突装置の設計図を描きながら、議論を進めていく。主に議論されたのは2案だった。シンプルに、まっすぐ上方向へできるだけ距離をとるよう急上昇するか、起爆点から小惑星の裏に回り込むように何度か転回を繰り返し、絶対安全な小惑星の陰に隠れるか。前者はシンプルだが確率的に危険度を判断する必要があり、後者は探査機の絶対的な安全が確保できるが、探査機の動作がとても複雑になる点で難があった。

この3人は、性格はまったく違う（私が一番真面目）のだが技術への感覚はよく合った。

「確率が低いからと言って危険性がゼロではない。上方への退避は選べないですよ」（大真面目に眉間に皺を寄せる）。

「裏に回り込むのは無茶苦茶複雑ですよ。これ全部はやぶさ2に自動でやらせるんですか」（笑みを湛えた呆れ顔）。

という具合。危険は絶対避けた上で、挑戦はする。こうして、小惑星の裏に回り込む方式を採用することに決した。

そうすると次の懸案が持ち上がる。どうやって人工クレーター作成の成功を確認するか、だ。インパクトの瞬間、はやぶさ2は小惑星の裏側に逃げ込んでいるので、インパクトそのものを探査機のカメラで撮影することができない。もちろん、事後にインパクト点上空に戻って、地形の変化を発見できれば良いのだが、完全とは言えない。見えないほど小さいクレーターができたのか、そもそもコントロールが悪くてインパクト出来なかったのかの見分けがつかないからだ。それに何より、世界初の挑戦をするのにその決定的瞬間の記録をとれず前後の変化だけから状況証拠で成功を確認するのは、いかにも寂しかった。

この課題への答えが見つかったのは2010年のことだった。DCAMを使おう！　澤田から声が上がった。DCAMは分離カメラ（Deployable Camera）の略で、空き缶サイズの無線カメラだ。10年5月に打ち上げられた「イカロス」に搭載され、見事なソーラーセイルの自撮り画像を地球に送り、ソーラーセイル界に衝撃を与えた。この3人は、はやぶさ2の開発の前にイカロスの開発に携わっており、澤田はDCAMの生みの親だった。DCAMがいかにこの問題の解決に有効か、3人は直感した。

作戦はこうだ。探査機が完全に小惑星の裏に逃げ込む前に、DCAMを放出する。

ＤＣＡＭは観測に絶好の位置に留まり、インパクトの瞬間を撮影し、自分がやられる前にリアルタイムで退避中の母船に画像を送信する。言わば、小惑星まわりの使い切りデータリレー衛星だった。

イカロスにはＤＣＡＭ1、ＤＣＡＭ2の2つが搭載されたので、はやぶさ2に搭載する分離カメラはＤＣＡＭ3と名付けた。この後、ＤＣＡＭ3の魅力にサイエンス（理学系）チームのメンバーも飛びついて、はやぶさ2計画を盛り上げるのに一役買うことになる。

（2）探査ロボット（ミネルバⅡ、マスコット）

はやぶさ2には4基のロボットを搭載することになった。そのうち、「ミネルバ（MINERVA）」という名前は、はやぶさ初号機に搭載されたロボットの名前を受け継いだものだ。２００５年11月12日に、初代ミネルバは小惑星イトカワに向けて分離されたが、軌道を外れ着地することなく宇宙を漂ってしまい、ロボット自身は正常そのものであったにもかかわらず失敗に終わった。このミネルバの開発を行ったのが宇宙研の吉光徹雄だった。あの時の悔しさは計り知れないものであっただろう。ミネルバは、外部に露出する可動部が全くなく、内部に据え付けられたはずみ車付きモーターが回転する反力で小惑星表面上をホッピング移動するという画期的な移動手段を備え、小惑星上での移動探査技術を実証することを目的としていた。それがまったく試せなかったのだ。

ミネルバII-1A、ミネルバII-1Bはその10年越しのリベンジであった。再び吉光が担当する。2つとも、重さ約1・1キログラム、直径18センチメートル、高さ7センチメートルの円柱形状だ。探査機チームから吉光に提示された、ロボットに割り当てる重量は2・5キログラムだった。吉光はたったそれだけの重さで2つのロボットを作るという提案をしてきた。今回は何が何でも成功させたい、という意気を感じた。

1Aロボットには4台のカメラ、1Bロボットには3台のカメラが搭載され、ステレオ視（複数の写真を組み合わせて立体的な像を得ること）や動画撮影もできる。加速度計、温度計などで、ロボットの移動状況や小惑星環境を計測することができる。

ミネルバII-2は、東北大学が中心となり国内の大学がチームを組んで開発する重さ0・9キログラム、直径15センチメートル、高さ14・5センチメートルの正八角柱形状のロボットだ。小惑星という特殊な環境での4種類の移動手段の実験と、2台のカメラ、温度センサーや加速度センサーによる小惑星環境の計測が目的であった。

マスコット（MASCOT）は、ドイツとフランスの宇宙機関（DLRとCNES）が開発した重さ約10キログラム、30×30×20センチメートルの直方体形状のロボットだ。こちらも偏心モーターによる移動手段を装備している。本格的な科学観測ができるカメラ、分光顕微鏡、熱放射計、磁力計を搭載し、小さいとはいえさながら一つの人工衛星だ。

マスコットをはやぶさ2に搭載する話をＤＬＲからとりつけてきたのは川口淳一郎だった。日本から見ると開発資金を投じることなくはやぶさ2の魅力を増やせる。ドイツとフランスは、探査機まるごと開発することなく探査ロボットを小惑星へ送り込める。ウィン・ウィンを実現する川口の外交の真骨頂だった。

具体的な実現に向けた先方との科学的・技術的なやりとりを宇宙研の岡田達明《たつあき》と私が引き受けた。ドイツ・フランスからは、ヨーロッパのロゼッタ探査機で彗星着陸機フィラエを実現した立役者と若手が中心だった。ドイツの技術者は、はやぶさ2チームが現場で物事をどんどん即決していくことに感心してくれていた。私たちはヨーロッパと日本の間をよく往来し、会議の度に重要なことを決めていった。岡田や私は、即答しかねることがあればその場でメーカーに国際電話をしたりして判断した。より大組織で文書ベースで物事を進めるヨーロッパでは、このスピード感はないのだそうだ。ドイツもフランスもこのやり方によく応えてくれた。

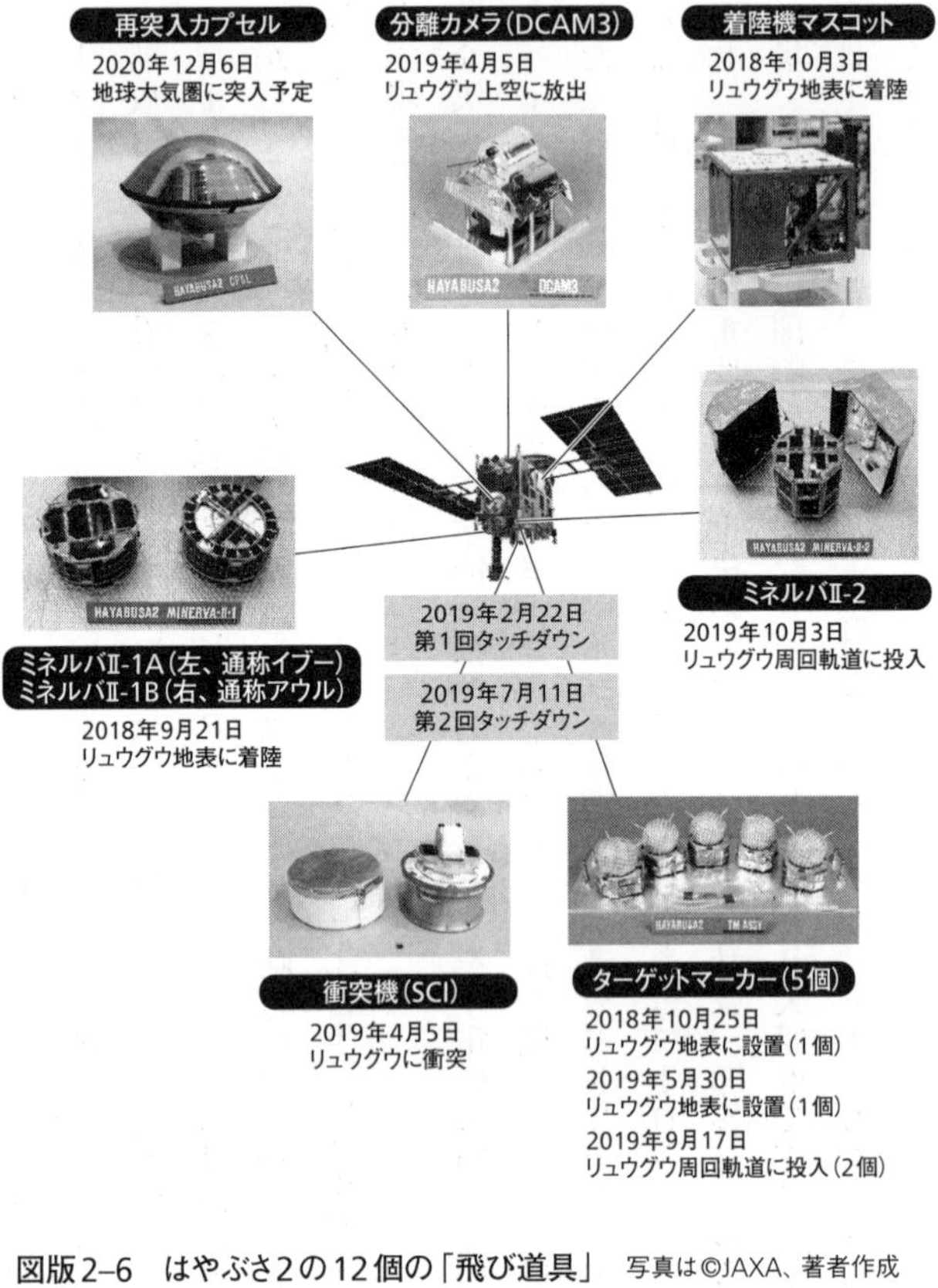

図版2–6　はやぶさ2の12個の「飛び道具」　写真は©JAXA、著者作成

それにしても、はやぶさ2には分離物が多い。開発チームには「飛び道具は面白い！」という感覚が根底で共有されていたのだと思う。カプセル、インパクタ、ターゲットマーカーなど含めると全部で12個！（図版2－6）その分離物ひとつひとつは、はやぶさ2という母船の子供たちであり、分離された瞬間母船とは別の魂が吹き込まれる。そしてそれぞれをとりまく技術者、科学者が集まり、サブコミュニティを作る。分離物はそうやって、はやぶさ2計画をより重層的で奥深いものにする。チームメンバーはそのことを肌感覚で理解していた。

他方で、冷徹な技術屋の目で見ると、サンプルリターンというはやぶさ2の本筋の計画の重要な味付けではあったが、（何せ別の魂なので）ミッション全体の成否を揺るがしたり母船開発を滞らせたりするリスクは小さかった。魅力が大きく、リスクは小さい。それがロボットの魅力であった。

（3）Ka帯通信系とデルタドア技術　はやぶさ2は、通信システムにも一大進化を加えた。ひとつは、Ka帯送信機。世界の太陽系探査機の地球と宇宙の間の通信には、「X帯」と呼ばれる7―8ギガヘルツの周波数帯が使われることが多い。はやぶさ2も主通信機はX

帯を採用しているが、それに加えてKa帯（32ギガヘルツ）の通信機を搭載することにした。周波数を高くすると、それだけ多くのデータを乗せることができる。4倍の周波数なので、同じ大きさのアンテナ、同じ出力の送信機を使って4倍のデータを伝送することができるのだ。初号機はイトカワ到着時に4—8kbpsの伝送レートで通信していたが、はやぶさ2はほぼ同距離にあるリュウグウ上空で16—32kbpsを実現することができる。

ただしKa帯には弱点がある。第一に天候に弱いということ。高周波は水蒸気に弱い。はやぶさ2から発射されたKa帯の電波は、数億キロメートルの宇宙空間を難なく進むが、地球の薄皮のような大気圏内に雨雲がかかると、そこで途端に減衰して通信できなくなるのだ。第二に、日本の深宇宙用の地上局（長野県の臼田、鹿児島県の内之浦アンテナ）はKa帯を受信する装備がなかったこと。太陽系探査の最先端を走る欧米では、地上局もKa帯を標準装備しているから、我々は通信技術の点で後れをとっていた。以上のことからはやぶさ2でも、世界の探査機同様、主通信系はX帯とし、Ka帯は条件の良い時だけ瞬発力を期待して使用することとした。このKa帯通信は、リュウグウ到着後限られた時間でできるだけ多くの観測データを下ろしてスピーディに分析にまわすのに大いに役に立った。

Ka帯機能をはやぶさ2に搭載できた大きな理由に、アンテナの進化がある。詳しい方なら、初号機にあった大きなパラボラアンテナが、はやぶさ2では平べったいひと回り小ぶりのアンテナ2つに置き換わったことにお気づきかもしれない。片方がX帯アンテナ、もう片方がKa帯アンテナだ。このアンテナは「ラジアルライン給電スロットアレイアンテナ」と言って、東京工業大学で発明されたもの。民生用途では衛星放送を受信する家庭用のアンテナにも使われているこの技術、初号機のあの大きなパラボラアンテナと同じ性能を、3分の1ほどの重量で実現してしまう優れものだ。2つ載せてもまだはやぶさより軽くできるこの技術が、Ka帯受信実現の大きな後押しになった。

いま一つのはやぶさ2が採用した通信の新技術がデルタドア（DDOR: Delta-Differential One-way Ranging）である。これははやぶさ2から送られる電波を地球上の複数のアンテナ（たとえば日本と米国とオーストラリア）で同時に受信し、その位相差を計測することで探査機の太陽系内での位置を正確に測る技術だ。これは、東京スカイツリーのてっぺんから富士山の頂上にいるミジンコを見分けることができるほどの分解能をもつ超絶技術で、数億キロメートルの彼方を飛行する探査機の位置をキロメートルオーダーで正確に測る威力がある。初号機では、地球と探査機の間の通信電波を利用し、地球・探査機間の距離と相対速度を測り、太陽系内の飛行位置を特定する技術（RARR方式という）が使われていた。この技術は古くから使われているがデルタドアより精度が１００倍悪い。はやぶさ2はＲＡＲＲに加え、デルタドアを日本の探査機として初めて標準搭載したのだ。

この技術の日本の第一人者は宇宙研の竹内央《ひろし》だ。デルタドアという技術は、米国ではすでにごく当たり前に太陽系探査機に使われており、火星着陸や、木星や土星の月でのスイングバイなど難しい探査を次々と成功させていた。竹内は、日本のアンテナもＮＡＳＡやＥＳＡ（欧州宇宙機関）のアンテナ群に加わってデルタドア計測を共同実施できる技術と国際交渉を一手に引き受けてきた。また日本の探査機イカロスを使って実験的にデルタドア用の送信機を搭載し、デルタドア技術を磨いた。それらの活動が実り、はやぶさ2ではついに正式な計測手段としてデルタドアが採用される、つまり「標準搭載」に至ったのだった。

Ka帯通信とデルタドア技術は、必ずしも世界に先駆けた技術ではない。しかし、太陽系探査で世界に肩を並べるための急所を突くぞ！　という思いで搭載したのがこの2つの機能だった。

みんなの想いを乗せる

　はやぶさ2の旅は壮絶なものになるに違いない。その旅を私たちだけのものにするのはもったいない。世界中の人と分かち合いたい。その想いから、3つのことが行われた。

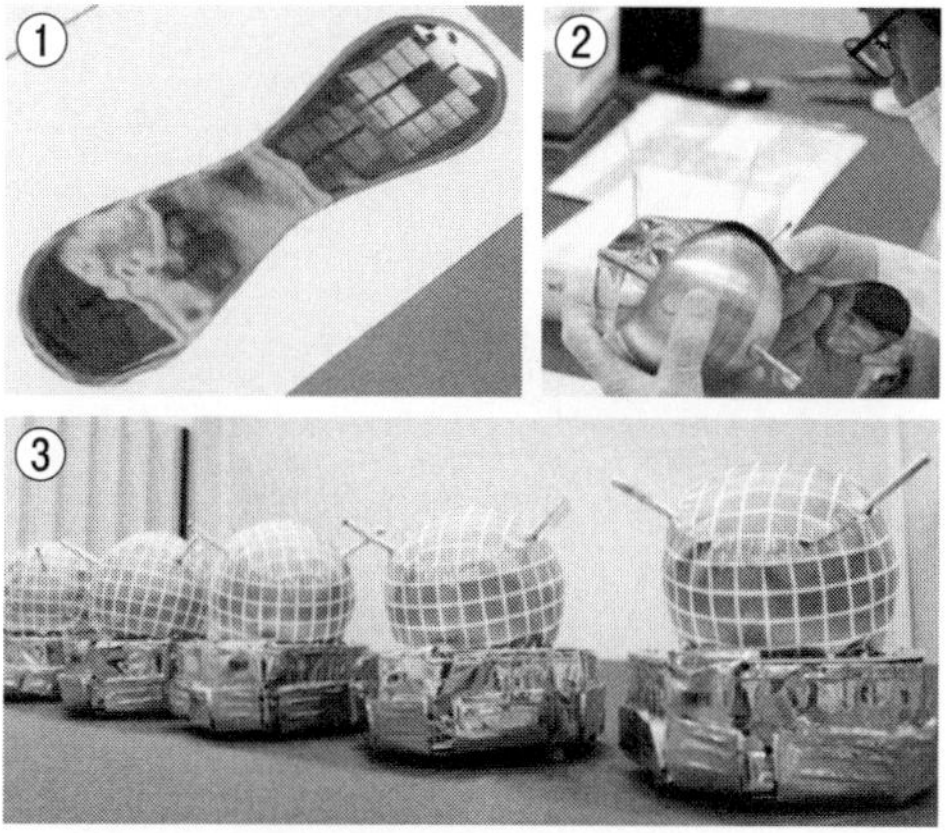

①18万人分の名前が刻印されたマイクロフィルム
②ターゲットマーカー本体に貼付中のマイクロフィルム
③完成したターゲットマーカー 5個

図版2–7　ターゲットマーカーに名前入りマイクロフィルムを搭載する　©JAXA、撮影協力：NEC

　まず、はやぶさ2に搭載されている5つのターゲットマーカーには、世界約190カ国から応募のあった18万人の名前が刻まれたマイクロフィルムが織り込まれた（図版2－7）。5つにはそれぞれまったく同じ内容が刻まれているから、みんなにリュウグウ到達のチャンスを5回提供したことになる。

　そして、大気圏突入カプセルは、6年後に帰ってくるタイムカプセルに見立てて、18万人分のメッセージ

図版2-8　サンプラーホーンモニターカメラ（CAM–H）　写真は©JAXA

をデータとしてメモリーに記録した。

3つ目は、一般からのはやぶさ2プロジェクトへの寄付金だ。このお金で、サンプラーホーンをモニターするカメラ（CAM-H）を製作し搭載することにした（図版2-8）。宇宙科学ミッションのプロたちは、あまり映像を重視しない傾向がある。映像からは、そこで起こっている事象や雰囲気が、なんとなくしかわからない。だから、厳密な定量性を求める科学ミッションではどうしても後回しになり、重量やコストの制約から結局除外されることが多かった。

しかし、サンプラーホーンの先端を写すカメラがあれば面白い映像が撮れるに違いない。科学要求からは出てこないが、寄付金を贈ってくれた一般の人々の想いに応えるには最高のものとなるだろう。

　ＣＡＭ－Ｈは、打ち上げ直後のサンプラーホーン伸展状況を確認するカメラという触れ込みで搭載を決めたが、私たちの真の狙いはもちろん、タッチダウンの瞬間を撮影することだった。それにしても、この寄付金によるカメラが、はやぶさ2を代表する成果をもたらすことになるとは……。

国境を越えたチーム作り

　探査機の設計を固めるのと同様に重要なのが、国際的な協力を取り付けることだ。ＮＡＳＡからは、世界中に持っている深宇宙追跡局（深宇宙ネットワーク、ＤＳＮ：Deep Space Network）を使わせてもらう協力が不可欠だった。米国は科学活動への懐が深い。科学的な意義が高ければ、積極的に外国のミッションの後押しをしてくれる。

　交渉の結果、ＮＡＳＡが提供するのはＤＳＮ局の使用、探査機のナビゲーション（軌道決定）の支援、ＮＡＳＡの探査機オシリス・レックスが採取予定の小惑星ベヌーのサンプルの0・5％、そして同ミッションへの日本の科学者の参加機会と決まった。引き換えにはやぶさ2は、採取予定のリュウグウのサンプルの10％と、米国科学者のはやぶさ2サイエンスチームへの参加機会を提供する、という協定が結ばれた。

はやぶさ2には、「マスコット」を通じてドイツ・フランスの、はやぶさ2カプセルの帰還予定地としてオーストラリアの協力も不可欠だ。これらの国々の研究者がはやぶさ2の科学活動に参加し共同作業をする枠組みとして、はやぶさ2共同科学チーム（ＨＪＳＴ）が結成された。

２０１２年以降、ＨＪＳＴ会議は年に2回、１００名近くの世界各国の科学者・技術者を集めて、はやぶさ2ミッションの科学の、熱く綿密な議論を進めていくことになる。

こうして、２０１０年から12年にかけて、はやぶさ2を実現するためにどうしても必要な外枠の体制が整っていった。

そして、探査機開発は佳境に入っていく。

第3章

開発の苦闘から打ち上げへ

異例ずくめの開発プロセス

プロジェクトが正式発足した２０１１年5月以降、はやぶさ2の開発は怒濤のごとく進んだ。何しろ14年12月に打ち上げなければならない。そのためには12年3月には詳細設計を完了し製造に入る必要があるのだ。

プロジェクト発足から打ち上げまで与えられた時間は3年半。通常5年はかかる衛星開発の工期をここまで短縮するために、あらゆる努力が注がれた。

衛星開発プロセスの基本中の基本である「基本設計審査（ＰＤＲ）」は省略。ミッションの目的を決めた後、予備設計のプロセスを省いて一気に詳細設計を進めた。実機（フライトモデル）を作る前に通常製造される、熱モデル・構造モデル・エンジニアリングモデルと呼ばれる実寸大のテスト機体もすべてスキップ。これらの省略は衛星開発のセオリーから考えると非常識だが、はやぶさ初号機の機体設計をうまく流用することで実現できた。

はやぶさ2では「インテグレータ方式」という開発方式がとられた。これはＪＡＸＡが探査機の設計・製造のマネジメントを行い、その配下で探査機のシステムや搭載装置のメーカーが製造・組み立てを行う方式だ。イオンエンジン、姿勢誘導制御系、電源系、データ処理系などのはやぶさ2の各サブシステムごとに、ＪＡＸＡのサブシステム担当者が１

名つき、メーカーの開発を指揮した。

インテグレータ方式の利点は、探査機の設計やシステムバランスを細かく調整して即座に反映できる点だ。このような異例の工期・工程で挑戦的な工業品を完成させるためには、探査機の個々の機能を個別に作り上げるのではなく、妥協するところ、徹底的にこだわるところを見極めながら、全体として均整の取れた製品に仕上げることが重要なのだ。コミュニケーションの円滑なメンバー間で急所を押さえてどんどん決断を下していくには、この開発方式はうってつけだった。

この時期、「システム会議」「イオンエンジンサブシステム会議」「電源系サブシステム会議」……というような各技術区分ごとの会議が毎日のように行われ、設計進捗情報や課題が持ち込まれ、そのひとつひとつに判断が下され、システム設計が更新されていった。

私が厳格に管理していた技術項目のひとつに〝重さ〟がある。２０１２年当時、はやぶさ2の質量は５４０キログラムを設計目標としていた。はやぶさ2の重さは、主としてイオンエンジンの性能から制約を受けていた。探査機の質量が５４０キログラムを上回ったら、重すぎて、リュウグウにたどり着けなくなってしまう。

メーカーもＪＡＸＡスタッフも、開発過程で予定より10グラムでも増えようものならチームに報告を上げた。私は質量超過に対しては厳しすぎるほど厳しく反応した。何しろちょっとでも重すぎるとリュウグウに到達できなくなる。それが本当に恐ろしかったのだ。グラム単位のやりくりをし、危なそうと見るや、こっそり軌道設計を見直して余裕の有無を確認する、ということの繰り返しだった。配線材を銅線からアルミ線に替えたり、小さなアルミ製の部品をマグネシウム製に替えたりといった、みみっちいほどに細かい設計変更をたびたび行った。

その一方で、余裕を生み出す努力もした。軌道設計、ロケットの能力、イオンエンジン性能、それぞれに余裕が出てきて、最終的にはやぶさ2の打ち上げ時の総質量は６０９キログラムにまで増やすことができた。「最初からそれだけあるとわかっていたらもっと楽だったのに！」と仲間の技術者から恨まれたりもしたが、そこは人間の性。たぶん、その時はその時で、やっぱり質量が足りない！とみんな苦労していただろうなと思う。

ともあれ、すべてを同時並行で進めなければならないはやぶさ2で、この質量の管理と捻出はとても地道で骨の折れる作業だった。

プロジェクト体制の変化

２０１２年９月、それまでの吉川プロマネの体制が、國中均《ひとし》プロマネ・稲場典康《のりやす》プロマネ代理の体制へと変わった。國中はイオンエンジンを専門とする宇宙研の教授、稲場はＪＡＸＡ筑波の技術部門からやってきた衛星システム技術のプロだ。

それまでのはやぶさ２のプロジェクト体制は小さなものだった。必要最小限。小さいなりに急所を押さえるエキスパートが適材適所で配置されていたが、ＪＡＸＡ上層部は、その余裕のなさを心配した。はやぶさ２は打ち上げが遅れることが許されない。社会の注目度が高い。そしてとても難易度の高い事業だ。初号機のお陰で、ＪＡＸＡ全体が難しさのイメージをよく共有できていた。だから、詳細設計が完了しいよいよ本格的な製造に入るこの時期に、マネジメントを強化するために体制にメスを入れられたのだ。

宇宙研の科学衛星プロジェクトは、１人のプロマネが最後までやり通すのが通例だったので、私自身はこの決定には寂しさも感じた。一方で、はやぶさ２計画を提案し採択されるまでの仕事と、開発し打ち上げにこぎつけるまでの仕事は、まったく性質が異なる。吉川は世界を股にかけて粘り強く提案をまとめていくことに長《た》けていた。一方で國中・稲場は技術マネジメントの経験が深い。この異例の開発を成功させるための適材適所という点では、時宜を得た変更と言えるだろう。プロマネを退いた吉川は、科学活動を円滑に進める「ミッションマネージャー」として引き続き腕を振うことになった。
サイエンスチームの体制にも大きな変更が加えられた。はやぶさ2の科学のリーダーであるプロジェクトサイエンティストに名古屋大学の渡邊誠一郎を迎えたのだ。これには私の周りの技術メンバーはかなり驚いた。渡邊といえば、それまでは舌鋒鋭くはやぶさ2の科学活動を批判していたからだ。

渡邊の主張は、はやぶさ2は大きな科学を目指すのだから科学者の体制をもっと重厚にせよ、というものだった。批判は的を射ていたが、プロジェクトを進めている側は耳が痛い。プロジェクトと渡邊は、両想いとは正反対の関係だった。そんな状態だったので、自分に白羽の矢が立ったのは相当意外だったらしい。ともあれ、渡邊の懸念は渡邊自身により払拭された。俺ならこうやるのだとばかりに、渡邊は、日本中の大学・研究機関の気鋭の研究者に声をかけ、重厚な科学体制を構築していったのだ。

２０１２年のこうした体制変化の中、変わらなかったことがある。それは工学チームの体制だ。工学チームもこの難しい開発に四苦八苦していた。しかしチームはうまく回っていた。メーカーとの関係も、しびれるような緊張感がありつつも良好だった。周囲の状況がどう変わろうと、作るべきものを期日までに作り上げる、そういうエネルギーがチーム内に溢れていた。

探査機の製造を担当するのはＮＥＣだ。はやぶさ2はＮＥＣにとっても大きな事業だ。ＮＥＣにもプロジェクトマネージャーをトップとする体制が布かれた。ＮＥＣのはやぶさ2開発を率いるプロジェクトマネージャーは、はやぶさ・あかつきの経験がある大島武、現場の技術を統括するシステムマネージャーは榎原匡俊《えばらまさとし》が担当した。

プロジェクトエンジニアとしての私のカウンターパートは榎原だ。当時30代半ばで、ソフトモヒカン頭のエネルギッシュな男だ。

この時期、ＪＡＸＡと探査機の製造を担当するＮＥＣは「システム検討会」という会議を毎週開催していた。プロジェクトエンジニアとしての私が主催するこの会議は、長いことで悪名高かった。4時間に及ぶことは当たり前、朝から始めて夕方、時には夜中までかかることもざらだった。材料、電気回路構成、機器配置、探査機の形状、ソフトウェア設計など、はやぶさ2の設計に関わる全ての技術的な決定はこのシステム検討会で決済された。南野浩之・中澤暁・私以外のマネジメントメンバーやサブシステムメンバーは、自分の担当箇所の時間に、入れ替わり立ち替わり会議に参加した。

システム検討会は、さながら世紀末の様相を呈していた。榎原を筆頭に、ＮＥＣから出席するシステム担当者にモヒカン頭が3名もいたからだ。しかもこのモヒカン軍団、いずれもボスキャラ級に手ごわい。ＮＥＣの攻めの姿勢が感じられる陣容だった。技術とコストに妥協のない議論が、モヒカンのたてがみがしなだれるまで連日続けられた。

会議は相模原で行われたからＪＡＸＡメンバーはみんなラフな格好。ＮＥＣメンバーはいつもスーツをびしっと決めてやって来た。私なりに気を使って、よく「長時間のミーティングですから、どうか楽な格好で来てください」と言ったものだが、ＮＥＣの回答はきまって「これは会社のルールなので」だった。その髪型でよく言うよと思いつつも、スーツとモヒカンで、守りと挑戦、あるいは、冷静と情熱を体現している彼らに感心していた。

種まきと水やりと

開発を馬車馬のように推進させる一方、私はプロジェクトの裾野を広げる活動にも着手した。その代表例が「アストロダイナミクス研究会」だ。プロジェクトメンバーに限らず、ＪＡＸＡの若手、宇宙研内外の学生に、はやぶさ2の門戸を開き、はやぶさ2を学問として楽しむ母体とするのが目的だ。

プロジェクトというのは恐ろしい。面白いと思って挑戦的な目標を設定しても、それが計画になった瞬間「義務」となり苦痛になる。難しいプロジェクトになればなるほど、目標の最低ラインへの近道を見つけ出し、そこにぎりぎりひっかかるだけの活動になりがちだ。

しかし、それでは、はやぶさ2の魅力は激減する。素性がわからないリュウグウを前にした頃にはモチベーションが枯渇し、あっぷあっぷしながら成功のボーダーラインをなんとかクリアする、というような活動になるのはまっぴら御免だった。

そのための処方箋は、場外乱闘の余地を残しておくこと。「やってみなはれ」精神だ。私ははやぶさ2の制約を超えた内容の研究を奨励し、あわよくば運用に組み入れる余地があることを公言した。

この話に、たくさんの若手や学生が乗ってきた。古株のメンバーが決めた計画通りに動くだけでは、責任ばかり重くなって面白くないが、はやぶさ2には〝遊ぶ〟余地がある。火がつきそうなところに積極的に点火して燃え上がらせて回る、というのが私のしたことだった。

大学院生の菊地翔太と大木優介は、はやぶさ2がやる予定のなかった小惑星まわりの軌道周回技術の研究を始めた。「小惑星周回をやっちゃおう！」という私の提案にこの2人が乗ってくれた形だ。「小惑星軌道周回」ははやぶさ2計画の欠落点だった。実は小天体のまわりを軌道周回させることは、精密な軌道制御技術が必要で大変難しい。しかし、小天体探査の将来を考えるとどうしても手に入れておきたい技術だった。菊地はこの研究成果をひっさげて米国の大学に渡り、帰国後、はやぶさ2プロジェクトに参加して数々の活躍をすることになる。大木はこの技術で後に、ピンチに陥っていたミネルバII-2を救った。

大野剛《ごう》は、学生の頃私と研究していたソーラーセイル技術をはやぶさ2に応用することを考えた。太陽光圧を積極的に使えば、はやぶさ2の姿勢を安定させ、長い長い惑星間飛行の間、リアクションホイールを駆動せず寿命を節約することができる。この技術は「ソーラーセイルモード」としてはやぶさ2の巡航運用に採用され、往路で実際に4基中2基のリアクションホイールの、約２００日分の運転節約に貢献した。初号機で悩まされたリアクションホイールの故障の懸念を大きく軽減し、運用の安心感へと繋がった。

照井冬人、三桝《みます》裕也、尾川順子《なおこ》、大野剛、吉川健人《けんと》ら姿勢軌道制御系（AOCS）メンバーは、はやぶさ2のスペックを上回る着陸精度を追求すべく、開発業務を超えた技術研究に取り組んだ。メーカーが作るがちがちの運用ソフトウェアの裏で、もっと先進的で小回りの利くソフトを走らせようと、アイディアを出し合った。

イタリア人研究員のステファニア・ソルディーニは、小惑星周りの複雑な力学場での物体の振る舞いを研究し、竹内央や池田人《ひとし》は超高精度の小惑星軌道の解析技術を磨いた。リュウグウの複雑な重力場計算という超ニッチでマニアックな技術を、若手が面白がり4人も5人もできるようになったのは驚異的だった。

これらの「遊び」が、リュウグウ到着後の科学活動の重厚さに繋がったし、想定を超えたリュウグウの険しさを克服する大きな力となった。

アストロダイナミクス研究会以外にも、はやぶさ2プロジェクト内に専門ごとにたくさんの研究会を設置した。それらは、殺伐としたプロジェクトの開発業務の合間のオアシスのような存在だった。すり減らした精神を探究心という水で潤し、開発作業に戻るということを繰り返した。チームの足腰を強くし、裾野を広げるために、種をまき水をやる。何が収穫できるか、楽しみですらあった。

苦闘の最終組み立て工程

２０１２年９月以降、各製造メーカーで製作されていたはやぶさ2の部品が相模原に集められ、各種試験が始まった。まず始まったのが、初期電気インターフェース試験と機械環境試験だ。前者は、はやぶさ2の神経系ともいうべき、データ処理装置（ＤＨＵ）、データ記録装置（ＤＲ）、ミッション系計算機（ＤＥ）とセンサーを電気的に接続し、信号の流れが正しいかをチェックする試験。そして後者は、はやぶさ2の箱状の主構造を実際に組み立て、振動試験装置を使ってロケットと同等の振動をかけて、構造設計が問題ないかを確認する試験だ。

　はやぶさ2は、工期短縮のためにあらゆる作業が〝入れ子〟構造になっていた。だから、設計フェーズ、製造フェーズ、組み立てフェーズというようにきれいな区切りがない。代わりに、スケジュールインパクトの大きい重要な機器や機能から順番に優先的に組み上げていき、末端の機器や部品は後回しにして、システム試験に途中から順次合流させるというパズルのようなスケジュールが組まれた。

　そして２０１３年1月から「一次かみ合わせ試験」が開始。同11月からは「総合試験」が行われた。一次かみ合わせ試験で仮組みされたはやぶさ2は、総合試験で完成状態にまで組み上げられ、完成後は動作試験や、実際の飛行状況を模擬した運用テストが行われる。

　２０１３年から14年前半までのこの最終組み立て工程は、生みの苦しみの時期だった。

1年半で完成させるために作業は昼夜二交代で進められ、複雑な工程がびっしり詰まっていた。ＪＡＸＡ相模原キャンパスの衛星組み立て用のクリーンルームにはメーカーや技術者が入れ替わり立ち替わり訪れて、探査機に部品を組み付けていった。

はやぶさ2チームは、これほどの短期間でこれほど複雑な探査機を仕上げるのだからトラブルが起きないわけがない、と覚悟していた。「トラブルを宇宙に持ち込むな！　トラブルを恐れるな！　いま問題が発覚することは幸いと思おう！」と声をかけあいながら、日々発生する問題に対処していった。

それにしても、いざ作業を始めてみると、問題が出るわ出るわ……。部品の製造が遅れて組み立てに間に合わなかったり、組み付けて試験すると想定通りに動作しない、ということが毎日のように起こった。

ここで八面六臂の活躍をしたのが、ＮＥＣの榎原だ。一次かみ合わせ試験開始時点で榎原が作った組み立て工程表は芸術作品のようだった。数百の工程が1年半分、時間単位で組まれたパズルのようなスケジュールは、極めて緻密で複雑でいて、多重奏の旋律のような秩序と流れが感じられたのだ。これしかない！と思えるスケジュールだった。

その工程表が、1週間に一度は問題が発生することで、あっという間に崩れ去るのだ。

そのたびに榎原は、彼が率いるＮＥＣチームとともに根気よく、壊されたパズルを組みなおした。ＪＡＸＡメンバーがもう駄目だと思うようなスケジュール破綻が10回は起きたが、彼はそれをいつも魔法のように解決した。

　榎原は自らが率いるＮＥＣの技術に熱い男だった。形式的なやり方を嫌う一方、技術には一切妥協をしなかった。自社にも厳しい一方、ＪＡＸＡにも言うべきことはオブラートに包まず言った。ＪＡＸＡのマネジメントが少しでも形式的で突き放したやり方をすると、私に私信のメールや電話が飛んできた。「それははやぶさ2の完成に本当に必要ですか？」「ＪＡＸＡは形式を守りたいのか、はやぶさ2を成功させたいのか、どっちですか？」それを両立させる責任は津田にあるぞ、と言いたかったのだろう。２０１４年の打ち上げに間に合わせるには、このしびれるような緊張感がチームには欠かせなかったが、私はしびれすぎて感電死しそうだった。

　ＪＡＸＡも苦しんでいた。総合試験の中盤、２０１４年４月に私は一度だけ、打ち上げの延期を國中・稲場に具申したことがある。当時はやぶさ2はトラブルが続出していた。姿勢系、通信系、イオンエンジン系など、主要なサブシステムが問題を抱えていた。それぞれ解決できる見込みはあったが、現場はスケジュールについていくために必死になっていた。必死が続くと製品の品質は下がる。その瀬戸際にあることをプロマネとプロマネ代理に伝えたのだ。まだやれるが、打ち上げのチャンスは15年にもある。そこを目指して、探査機の品質を上げる時間的猶予を確保した方が良いのではないか。

國中・稲場の判断は「もう少し踏みとどまろう」だった。稲場は私を諭した。「打ち上げ前から、はやぶさ2のミッションは始まっているんだ。はやぶさ2にはバックアップ機能が備わっている。それらも含めて使いこなさなければならない。私たちのゴールは最高品質の探査機を作ることではなく、ミッションを達成することだ。はやぶさ2はミッションを達成する道具たりうるか？　その視点で見ていこう。まだやれるよ。」

いくつもの衛星開発の修羅場をくぐり抜けて来た経験から出た言葉だった。言葉だけではなく、開発試験を円滑にするいくつかのプロセスと役割分担の修正がすぐに施されたのはもちろんだ。もがき苦しみながら、はやぶさ2の開発は前進を続けた。

2014年のタッチダウン

開発はメーカーとJAXAの総力を挙げて行われた。打ち上げに間に合わせるために、メーカーとJAXAの間でお互いの仕事をカバーしあうこともざらであった。特に、機能が複雑な姿勢軌道制御系（ＡＯＣＳ）は、互いに助け合う関係が強かった。ＮＥＣの開発試験メニューの一部をＪＡＸＡメンバーが肩代わりしたりもした。

そこには、単にスケジュールに間に合わせるため以上の狙いがあった。はやぶさ2がひとたび宇宙に出れば、ＪＡＸＡとＮＥＣはミッションを成功に導く〝ワンチーム〟にならなければならない。そのためには、ＪＡＸＡとＮＥＣが同じ土俵に立つ必要があった。ＪＡＸＡメンバーが探査機の全機能をメーカーと同じレベルで把握するには、メーカーの仕事をお裾分けしてもらうのが一番だ。その分ＪＡＸＡメンバーは労力が増えてしまうわけだが、肩代わりでもありお裾分けにもなるので、一挙両得な方法と言えた。これはＪＡＸＡとしては普通のやり方ではないため上層部からは渋い顔をされたが、「スケジュールを間に合わせるにはこれしかない」と主張して押し切った。

そのようにして幾多の困難を乗り越え、チームワークを育てつつ、開発は終盤に差し掛かる。２０１４年6月24日、相模原キャンパスの衛星組立棟のクリーンルーム内には、ほぼ完成状態のはやぶさ2が鎮座していた（図版3－1）。プロジェクトメンバーは、クリーンルームと大窓1枚を隔てた試験用管制室に集結した。この日は、総合試験の集大成として、「タッチダウン運用試験」が行われたのだ。はやぶさ2の内部の電子機器を、タッチダウン

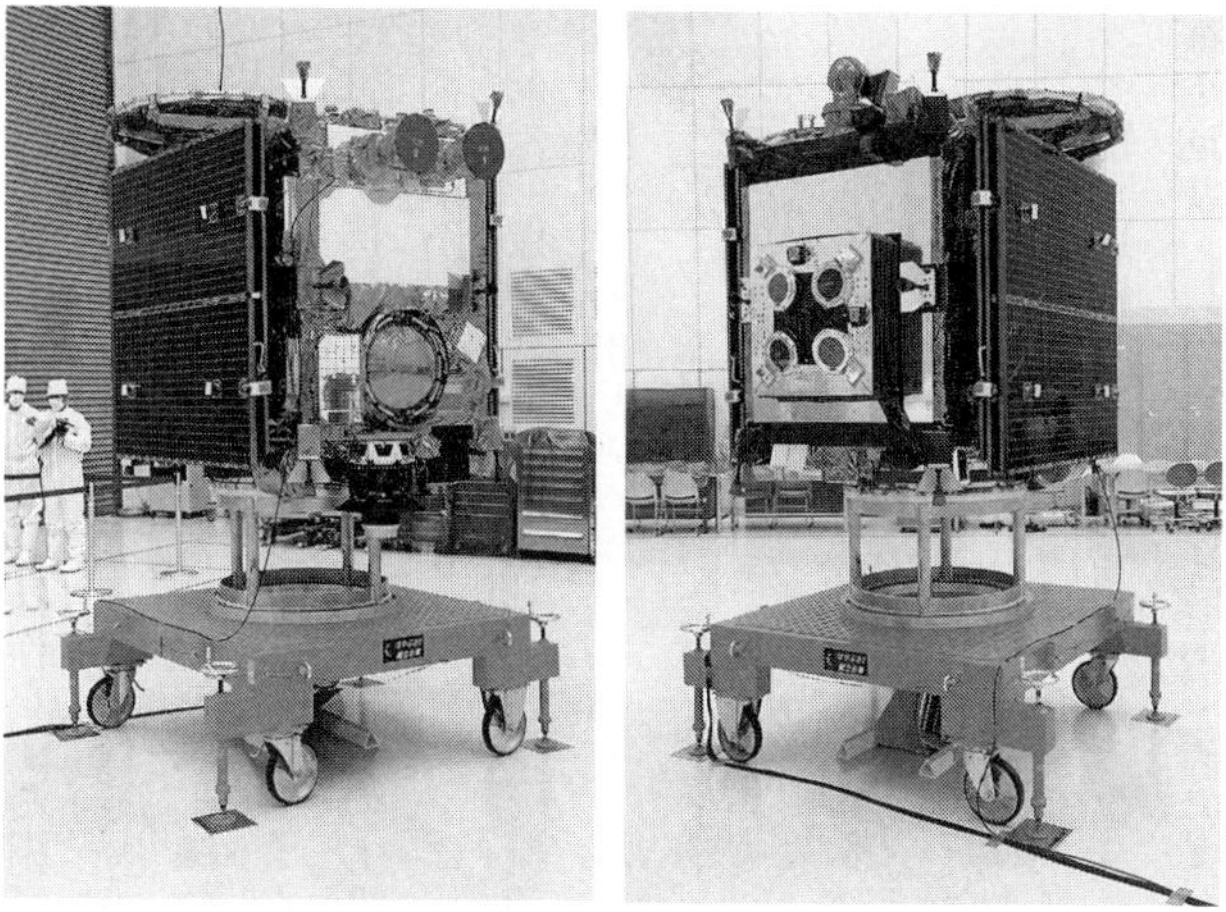

図版3–1　完成したはやぶさ2　©JAXA

の時と同じ動作をさせて、正しくタッチダウンできるかを確認する試験だ。

　試験は慎重に進めたため遅れに遅れ、探査機が小惑星に向け降下を開始したのは21時。せっかく集結していたメンバーも大半は帰ってもらった。居残ったメンバーはＪＡＸＡとＮＥＣのメンバー10名程度だっただろうか。深夜の23時過ぎに探査機はようやく高度５００メートルに到達。着陸に向けた最終Ｇｏ／ＮｏＧｏ判断を求められた私は、「本番はプロマネの役回りですが、今日はいないので、私がやります」と前置きしてから、國中の口調を真似て「じゃあ、Ｇｏで」と言った。その指示を受けて苦笑しながらコマンダー（探査機に実際にコマンドを送信する操作をする担当者）に指示を出したのが、ＮＥＣの若手システム担当の益田哲也。その指示を受けて冷笑しながらＧｏコマンドを探査機に送信したのが、ＮＥＣネッツエスアイのコマンダー深野佳代だった。この３人組が、本番のタッチダウンではそれぞれプロマネ、ＮＥＣシステムマネージャー、コマンダーとなって実際にＧｏコマンドを送ることになるとは、このときは思いもしなかった。

管制卓から送信したＧｏコマンドは10メートル先に鎮座する探査機によって即座に受領された。探査機は、鎮座したまま模擬的に地表へ向けて最終降下に移行。そして6月25日0時34分、無事リュウグウへのタッチダウンに成功した。こぢんまりと拍手の花が咲き、「タッチダウン成功おめでとう！」とむやみに大きな声を出して、私たちは喜びを分かち合った。

実際のタッチダウンは何倍もの困難に見舞われるのだが、この時はそんなことは知る由もない。ともかくも1年半を走り切った。２０１４年9月16日、総合試験終了。

コンテナに格納されたはやぶさ2は、クリーンルームのシャッターを出て、大型トラックで種子島に向けて出発した。スケジュールは極秘だったのだが、どういうわけか、宇宙研の向かいには「ＨＡＹＡＢＵＳＡ2 いってらっしゃい!!」という横断幕を掲げて見送る一団がいた。コンテナの中ははやぶさ2だよ、と言うことはできないが、私たちは道路のむこうに向かって深く一礼した。

種子島へ

２０１４年9月21日、射場で行う最終工程であるフライトオペレーション（フライトオペ）が始まった。相模原から搬出されたはやぶさ2のパーツが次々と種子島宇宙センターに集結した。プロジェクトメンバーも順次種子島入りして作業を開始した。

他方で相模原での開発試験は終わったわけではなかった。トラブル続きで遅れていたイオンエンジン電源の耐久試験が続いていたのだ。開発試験も、最終組み立ても、ゴールは11月11日の「打上前最終確認会」だ。ここまでに、打ち上げ前の全試験が合格となり、それと同じ作り方をした探査機の製造が完了している、という目論見だ。

種子島での最終組み立ては、総合試験中の七転八倒に比べれば、極めてスムーズに進行した。苦労を前借りしておいた甲斐があった、と思えるような順調ぶりだった。9月末にカプセルとインパクタ（ＳＣＩ）が探査機本体に組み付けられ、それから化学推進系の燃料であるヒドラジンが充填された。10月初めには、イオンエンジンの燃料であるキセノンを充塡。４機のロボット、マスコットとミネルバⅡが探査機に据え付けられた。

10月中旬には、打ち上げ直後やタッチダウン時に最も重要な役割を果たす姿勢制御系システムの最終動作チェックを実施。同下旬に、はやぶさ2の全機能の健全性を確認する最終の総合動作試験が数日かけて行われた。10月末には相模原管制室と種子島のはやぶさ2をネットワークで接続し、打ち上げ当日を模擬したリハーサルを行った。私を含め、管制メンバーは相模原から参加。打ち上げに向けた準備は着々と整っていった。

さて、このフライトオペの順調さは努力なしに成されたものではない。打ち上げまで日がないため、小さな問題でも打ち上げ延期のような重大事態に繫がりうる。小さな問題を小さな影響に留める、目立たぬ努力が数多くなされた。

実は9月末、フライトオペが始まり、はやぶさ2の組み立てを開始したところ、サンプラーホーンを相模原に置き忘れてきたことが発覚。急いで単独輸送。私たちはサンプル採取装置なしでどうやってサンプルリターンミッションをやるつもりだったのだろう？

10月初めには、イオンエンジングループから、キセノンを充塡したところ、予定より6キログラム多く入れすぎてしまったと報告があった。実はこのころ探査機重量問題はすべて好転していて、許容重量を６１０キログラムまで広げられた上に、探査機は６００キログラムほどに仕上がっていた。これは厳格に重量管理をしてきたプロジェクトエンジニアとしての私の腕前だったのだ。努力の結果できた余裕を使い、宇宙に船出してからやれることを増やすために、キセノンを目一杯注ぎ足してあげよう！と高らかに宣言しようと思っていたまさにその矢先にこの始末。完全に見せ場をもって行かれてしまった。それどころか、私は技術の代表者として、予定外の事態が起きたことを方々に謝る羽目になった。

　マスコットのチームは、母船との間の通信の性能出しに苦労していた。通信システムはＪＡＸＡから提供しているから我々の問題でもあった。性能が出ないなら出るまで直してから打ち上げるのが宇宙ミッションの鉄則だ。しかし打ち上げは延期したくない。連日、日中は現場作業、夜はドイツと日本を繋いだテレビ会議を行って解決策を協議した。

　私はこの切羽詰まった状況での、日独の技術者による、互いへの信頼と敬意をもった粘り強い議論の進行が忘れられない。マスコットチームのプロジェクトマネージャーであるドイツ航空宇宙センター（ＤＬＲ）のトラミ・ホーは、もの静かで芯の強い女性だった。彼女はこの時、はやぶさ2チームとの調整の前線に立ち、ＤＬＲにもＪＡＸＡにも偏らない、理路を尽くした解決策の模索に奔走してくれた。「ユウイチ、マスコットが健全でないと我々は打ち上げに同意できない。でもＤＬＲもフランス国立宇宙研究センター（ＣＮＥＳ）

も、打ち上げ延期は望まない。一緒に解決策を見つけましょう。」マスコットチームからは、通信システムの使い方の工夫での打開策が提示され、はやぶさ2チームからはリュウグウに到着してからの運用の工夫で問題を回避する方策を提示した。両方合わせれば、解決策として十分だ。トラミは、それらの対策をもって、打ち上げの同意書にサインした。

11月11日、打上前最終確認会が種子島で開催された。ＪＡＸＡの幹部やシニアの技術者が、完成したはやぶさ2を確認しながら、その製造工程に問題がなかったか、打ち上げに向けてロケットに搭載してよいかを審査する会議だ。

朝、宿の前で幹部に出くわした。ずっと親身に開発過程を見守り、時には厳しいアドバイスをくれた方だ。私の顔に不安の色を見てとってか「津田君、ここまで来たら大丈夫だよ。自信をもって送り出しなさい」といつになく優しく声をかけてくれた。

この時には前述の、相模原で行われていたイオンエンジンの試験も無事クリアしていた。探査機も、いま目の前に完全な完成形で佇《たたず》んでいる。やれることはすべてやった。淡々と開発経緯の報告が行われ、審査員による外観巡視が行われた後、合格が言い渡された。

プロジェクトメンバーにとっては、はやぶさ2と触れ合える最後のタイミング。思い思いに、探査機を囲んでの記念撮影が行われた。

翌日、はやぶさ2はロケットに引き渡され、結合作業が始まった。ここから先はロケット側が主体の作業だ。２週間かけて、大型ロケット整備組立棟に組み上げられたＨ２Ａロケットの先端にはやぶさ2が搭載され、フェアリング（衛星格納スペースを覆うカバー）が閉じられた。準備は整った。

　はやぶさ2がリュウグウに正しく到達するための打ち上げ日として、11月25日から12月9日までの15日間が設定されていた。しかし各日とも、打ち上げに許されるタイミングは秒単位で決められたワンチャンスのみだ。

　ひとつ前のロケット打ち上げが遅れたことと、悪天候が重なり、最終的に打ち上げは12月3日に決した。打ち上げ時刻は13時22分4秒（日本時間）。結果として、15日間の打ち上げ可能期間のど真ん中の日だ。これは、打ち上げてからのイオンエンジンによる軌道制御が最も楽になる日でもあった。ここで打てれば幸先が良い。このワンチャンスをものにできますように――。祈るような思いで我々は「その日」を迎えた。

はやぶさ2、宇宙へ

　当日の種子島宇宙センターは快晴だった。Ｈ２Ａロケット26号機は夜半のうちに整備組立棟から射点に移動を終え、その優美な機体を青空に向けていた。天候判断は「打ち上げに支障なし」。射場はロケットが露わに屹立《きつりつ》していること以外は普段通りの風景だが、射点の各建屋の中では、たくさんの技術者、オペレータが、秒刻みの正確さで打ち上げに向けた作業を進めていた。はやぶさ2チームでは、國中プロマネのほか少数のメンバーが種子島に残っていた。

相模原の宇宙管制センターにも、前夜から管制員が詰めていた。はやぶさ2の開発を支えてきたＪＡＸＡとメーカーのメンバー総勢50名ほどが、広くはない管制室にすし詰めになって、しかし整然と、作業を開始した。

午前2時（以下すべて日本時間）、ロケット内に収まっているはやぶさ2の電源が入れられた。これから先、6年後の地球帰還まで絶やされることのないはやぶさ2の生命の灯がともされた瞬間だ。探査機が発信するテレメトリデータ（機器の状態を示すデータ）が、専用回線を通じて相模原管制室のモニターに次々と表示されていく。ひとつひとつデータの正常がコールされては、探査機にコマンドが送られ、はやぶさ2の打ち上げ時の設定がなされていった。

午前9時、ＮＡＳＡ深宇宙ネットワーク（ＤＳＮ）から、追跡準備開始の連絡が入る。

DSNには米国、オーストラリア、スペインにあるアンテナを使って、打ち上がった直後のはやぶさ2の電波を捉える大事な役割を担ってもらうことになっていた。相模原管制室に英語と日本語の交信が入り乱れる。

午後12時、管制室のはやぶさ2全サブシステムの準備が整った。長野県臼田、鹿児島県内之浦、DSNの各追跡局ともに問題なし。

打ち上げ9分前、探査機からロケットを通じてネットワークに繋がっていた有線回線が切られた。管制員たちは更新の止まったモニター画面から目を上げた。次に見るはやぶさ2のデータは宇宙からのものになるはずだ。そこまで完了した時点で、相模原の私から種子島の國中へ、打ち上げ準備完了が伝えられた。

全作業が完了した相模原管制室は、喧騒がおさまり、次に起こることを待っていっとき静まった。そこへ種子島から國中の雑音交じりの音声が聞こえてきた。

「こちら、はやぶさ2プロジェクトマネージャー國中です。
ここまで地上におけるシステム開発、大変どうもありがとう。
これから挑む深宇宙大航海に向けても心してあたってほしい。

それでは行きましょう。
キセノン充塡１２０％！
タ―ゲットスコ―プ小惑星１９９９　ＪＵ３に照準よし。
これから小惑星探査機はやぶさ2を発進させる。
そして、再び地球に戻ろう。
Ｌマイナス７分12秒、
探査機準備完了を宣言します。」

とてもよいセリフだった。後半が『宇宙戦艦ヤマト』調なのは國中らしさだ。相模原管制室はどっと拍手に沸いた。普段シャイな國中にしては上出来だ、あれはしっかり準備してたな。私と榎原は目くばせして笑った。そこへ佐伯と中澤がニヤニヤしながら「キセノン充塡１２０％とか言ってますよ、津田さんいいんですか？」と言ってきた。私は、はっと例のキセノン入れすぎ事件を思い出し、急に頭にきた。プロマネである前にイオンエンジンの首領である國中が、こんな場で入れすぎを美談にしよった！　まったくこのチームは油断も隙もない。

そして國中が発射許可ボタンを押し、はやぶさ2は完全にロケットに委ねられた。
13時22分4秒、ロケットの底部がぱっと明るくなり、機体がゆっくりと持ち上がった。「行け！」「まっすぐ宇宙へ！」祈るしかないこの瞬間、期待と緊張と不安で管制室は静まり返っていた。そんな我々の気持ちをよそに、ロケットは順調にぐんぐん上昇していった。飛行は順調。地球の周りをぐるりと1周した後、第2段エンジンを再着火し、地球重力圏を脱することになっている。

打ち上げ2時間が過ぎた15時33分、待ちに待った報せがロケット班から来た。ロケットの軌道情報だ。その数字を見て私は「よし！」と思った。ロケットは正確に、はやぶさ2を深宇宙軌道に乗せてくれた。あとは探査機がちゃんと動いてくれるのを待つのみだ。

この間、はやぶさ2は事前に仕込まれた自動シーケンスに沿って動作することになっていた。ロケットから分離されたはやぶさ2は、宇宙空間に、そっと、しかし無造作に放り出される。その状態から、化学推進系スラスタを使って姿勢を静止させ、すぐに太陽電池パドルを展開し、太陽を探す。太陽が見つかったらその方向に向いたまま、コマのように探査機全体を回転させ、姿勢を安定させる。そこまでやってからはじめてはやぶさ2は通信機をＯＮにし、地上からのコンタクトを待つのだ。

15時37分、ＤＳＮゴールドストン局（米国）から、はやぶさ2の電波をキャッチしたとの報告。「よしよし！　どうやら通信機ＯＮまでは正しく動いてくれたようだ。」

15時40分、ＤＳＮキャンベラ局（豪州）も電波受信を開始。探査機のテレメトリが一斉に相模原管制室のモニターに映し出されていった。「よしよしよし！　探査機の状態は正常。とても元気だ。」キャンベラからのコマンド送信にもきちんと応答してくれ、宇宙にいるはやぶさ2と相模原管制室の間のホットラインが確立した。

打ち上げ7時間後には、内之浦局、臼田局による最初の運用が行われ、はやぶさ2は回転状態から巡航時の標準的な姿勢である静止姿勢に移行した。打ち上げ時の振動に耐えるようがっちり固定されていたサンプラーホーンとイオンエンジンジンバル（後述）のロックが解除された。外見上は、このときはやぶさ2は着陸準備とイオンエンジン稼働準備が早くも整ったことになる。

これから3カ月間、宇宙に船出したはやぶさ2の宇宙での調子を確認する「初期運用フェーズ」に入る。眠れない日が続くぞ――。管制室は、心地よい疲労と、達成感と、高揚感に包まれていた。

第4章　リュウグウへの飛行と運用訓練

順調な船出、そしてプロマネ拝命

打ち上げ後、初期運用フェーズの3カ月ではやぶさ2の全機能はひとつずつチェックされた。これに合格して晴れて一人前の探査機と呼べる状態になるのだ。電源系、データ処理系、観測機器、通信系、姿勢制御系、イオンエンジン系……と順次確認がなされた。

本書では、ここから先「運用」（カタカナで「オペ」とか「オペレーション」と呼ぶこともある）という言葉を多用するので先に説明しておこう。運用とは、管制室から探査機へコマンド（指令）を送り、探査機からのテレメトリ（探査機の状態に関するデータや観測データ）を受信する作業のことで、航空機でいえば管制官とパイロットの仕事を合わせたような作業だ。もちろんはやぶさ2の場合、パイロットは乗っておらず管制室にいる。運用の中心となるのはスーパーバイザーと呼ばれる運用のリーダーと、コマンダーと呼ばれる、探査機にコマンドを送る操作をする人の2名だ。この2名は当番制で、どの運用にも必ずいる。これに加えて、専門技術者がその日の運用メニューに応じて参加する。初期運用フェーズでは、打ち上げたばかりの探査機の調子を総合的に評価するため、私や榎原などの探査機全体を把握する「システム担当」が毎日運用に立ち会った。

管制室には、日々入れ替わり立ち替わり、メーカーやＪＡＸＡの各部署からそれぞれの担当技術者がやってきた。だからこの時期は毎日、開発の苦闘を共に乗り越えた同志が集まってくる同窓会のようだった。自分が手塩にかけて育てた機器が宇宙できちんと動くことを確認して満足気に帰ってゆく――皆のそんな姿を見ては嬉しくなった。

打ち上げ2週間後の12月18日からは、早くもイオンエンジンの試運転を開始。はやぶさ初号機ではイオンエンジンの始動が一筋縄ではいかなかったので心配したが、今回はイオンエンジンA、B、C、Dの4台とも無事動いてくれた。

年が明けて２０１５年の1月15日、4台のイオンエンジンを搭載する「ジンバル」という可動式のテーブルの自動制御に成功。これによりイオンエンジンの推力軸が探査機の重心を貫いた。翌日、3台のイオンエンジンを同時噴射。推力はほぼフルスロットルの28ミリニュートン（約3グラム重）を発生。これでリュウグウに向けた動力航行のお膳立てが整った。イオンエンジン主担当の西山和孝は、最重要機器の順調な滑り出しにも、初号機の経験を活かせばこんなものだと、さも当然という顔で淡々と振る舞っていた。

3月2日、初期運用フェーズが完了し、はやぶさ2は定常運用に移行した。それまで開発関係者総動員だった体制も縮小され、6年続く運用作業を定常業務として回せるように、チームが作り変えられようとしていた。

＊＊＊

そんな中、ある日私はＪＡＸＡの執行役に突然呼び出された。はやぶさ2の開発を通じて会話をしたことはあったが、改まって呼び出されたことは初めてだった。

「津田さんに、4月1日付でプロジェクトマネージャーの辞令が出ることになりました。是非頑張ってほしいので、受けてもらえますか。」

15秒は言葉を失ったと思う。なぜこのタイミングなのかとか、國中プロマネのままではないのか、とか質問をひねり出した気がするがあまり覚えていない。意外な申し出（実際は通達なのだが）に私は、少し待ってほしい、少なくともはやぶさ2を動かしてきた國中・稲場・吉川と相談する時間をください、と言ってその場を後にするのが精一杯だった。

ＪＡＸＡは宇宙開発を旨とする組織だ。開発が終われば、次の開発のために体制が変わる。國中も稲場も次のより大きな立場で腕を振るうことが期待されていた。はやぶさ2プロジェクトに残す人員の中から、プロマネ候補が選定されたのだろう。

國中に相談すると、

「探査機のことは君が一番わかっている。はやぶさ2は小惑星に着いてからが難しい。打ち上がった後は探査機を一番よくわかっている人がＰＭ（プロマネ）をやるのがいいよ。」

「私はプロジェクトエンジニアとしてはやぶさ2を最後までやるものだと思っていました。挑戦は私がして責任は國中先生にとってもらうのがよかったかと。」

「そりゃ甘いよ。」

形勢が悪くなり、私は観念した。稲場も吉川も、私の背中を押してくれた。

観念したものの、自信が湧いてきたわけではなかった。当時私は39歳。ＪＡＸＡの中でこの年齢でプロマネになった者はいないのだそうだ。「これは捨て駒にされたかな？」と穿《うが》った考えも浮かんだりした。

チームメンバーの誰もがそうだったと思うが、私も自身の役割ではやぶさ2開発に従事しながら、自分ならはやぶさ2をどんなミッションにしたいかを常に考えて来た。そういう考えを共有しぶつけ合ってきた仲間でこのチームはできている。自分はひとりではない。志を同じくするチームメンバーがたくさんいるじゃないか。そう思うと急に肩の力が抜けて、頭が回り始めた。まずはリュウグウに確実に到着させること、そしてリュウグウに着いてから存分に「暴れ回れる」チームを作ること——そのためにやるべきことから考えよう。こうして私の心はポジティブな覚悟で満たされていった。

リュウグウのせいにはできないんだから――新たなチーム作り

２０１５年4月1日、はやぶさ2プロジェクトは津田雄一をプロジェクトマネージャーとする新体制に移行した。ミッションの工学面を統括するプロジェクトエンジニアには佐伯孝尚が就任、科学者を統括するプロジェクトサイエンティストは引き続き渡邊誠一郎、この3名がプロジェクト＝工学＝理学のトライアングルではやぶさ2ミッションのエンジンとなったのだ。誘導制御技術を統括する照井冬人、プロジェクトマネジメントとサイエンス活動の橋渡しをするミッションマネージャーは吉川真だ。プロジェクトの技術マネジメント全般を補佐してきた中澤暁は、引き続きその役割を担う。彼はこの2年後にサブプロジェクトマネージャーに就任することとなる。

新しい体制で、はやぶさ2のチーム作りについて議論を重ねた。私たちが作りたいのは、「負けないチーム」かつ「大胆に挑戦するチーム」だった。大組織、大きなチームになるほど、前者は容易になるが後者は難しくなる。ＪＡＸＡ内にも前者を実現するための社内規定は山ほどあるが、後者については何の仕組みもなかった。大失敗をしないために徹底的に守りを固める。それは当然だ。しかし「はやぶさ2」の仕事は、それだけでは半分以下だ。何せ、人類を代表して未踏天体を探査するのだ。挑戦の過程も、苦労も、成功も失敗も、きちんと見せてこそ意義がある。そのためには、「ギャンブルはしない、しかし挑戦はどんどんする」というチーム文化を作り上げていく必要があった。

はやぶさ初号機を思い返してみよう。はやぶさは典型的な少数精鋭チーム。一人一人が本当に超絶スーパーマンだった。イトカワ滞在3カ月という短期決戦で成果を出すには、このチーム作りは正しかったのだと思う。それに超絶スーパーマンとしての仕事は、やりがいという意味では、半端なく面白そうだった。

しかしはやぶさ2で同じことをやったらどうなるか。はやぶさ2はリュウグウに1年半滞在する。1年半、超絶スーパーマンに風邪のひとつもひかず仕事に集中し続けろと言うのは現実的ではないだろう。はやぶさが瞬発力型のチーム作りだとすれば、はやぶさ2に必要なのは持久力だ。それが、はやぶさ2チームが導き出した第一の分析だった。

技術者は悲観的に振る舞うものだ。私たちは、はやぶさ2でも、6年間の飛行中に初号機と同レベルのトラブルが一度ならず発生すると考えていた――少なくとも、その前提に立って物事を考えていた。

初号機では、イトカワでの奮闘中に探査機にトラブルが発生し、チームメンバーはその対処に追われた。その結果、着陸したのに弾丸が発射されないというような信じられない誤りが起きたりもした。いくら超絶スーパーマンでも、一度に2つの問題は解決できない。初号機のやり方の限界はそこにあった、というのが私たちの第二の分析だった。

ではどうするか。鍵はチームとしての解決能力を高めることだ。もちろん個々の専門性は高めるのだが、それと同時にコミュニケーションをよくし、互いを補うようにチームを設計する。そうすることでチームの頑強さがアップする。この構想に基づいて、はやぶさ2チームは人集めに奔走し始めた。能力の高い人から探しても集まらない。能力が高い人に育成することを約束してJAXAの新入社員を集めたり、ポスドク、大学の研究者らに参加を呼びかけたりした。

チーム作りのもうひとつの重要な要素は、「共通体験」だ。共通体験が深いと、大人数で同じ目標に向かって走ることができる。特に私が重視したのが、如何に失敗を経験させるかだった。

人は失敗したときに一番大きく成長する。「失敗学」というのがひと頃もてはやされたが、このことは私の実体験でもあった。私の宇宙開発のキャリアの最初は模擬人工衛星カンサットの米国での打ち上げだったが、そこで経験したのも手痛い大失敗だった。

失敗はつらい。もう二度とすまいと思う。そのために何が必要かを必死で考える。それこそが成長だ。また、失敗は一人では抱え込めない。失敗を経験すると、チームで分かち合い解決しようとする。つまり失敗の共通体験は結束を強める。私がこれまで何度も経験したことだった。

失敗できる仕掛けをどうチームに組み込むかについて、はやぶさ2の新体制メンバーは議論を重ねた。はやぶさ2の運用を積極的に新人に任せること、訓練を企画し、安心して失敗しながらチームが成長できる場を作ることなどが、こうして決まっていった。

欧州の宇宙機関で働いたのち30代前半ではやぶさ2に加わり、システム担当としてこの後大活躍する山口智宏は、次のように私に言ってきたことがある。

「自分で計算した数字で探査機の姿勢を変えるとか、自分の作ったコマンドをはやぶさ2に直接送れるなんて思いませんでした。怖いですけど、すごく面白いですわ。」

宇宙ミッションはその規模が大きくなるほど、モノから離れて書類や契約で管理する仕事が多くなる。ＪＡＸＡが契約で指示を出し、実際の手を動かす作業は支援メーカーが担う、というパターンだ。海外の宇宙機関でも同じこと。欧州経験のある山口にもその感覚があったから、はやぶさ2のやり方が新鮮だったのだろう。

私は山口へ言うのだった。「だってその方が面白いでしょ？」

キョトンとするので、言葉を足した。「だってエキスパートを雇って、その能力を最大限活かせないやり方はおかしいよね。はやぶさ2はきっとこれからいくつも問題にぶち当たる。そのとき頭ではなく手が動かせるチームになっている必要があるんだ。リュウグウでどんなにひどいことが起きても、リュウグウのせいにはできないよ。だからこれは、僕ら自身があらゆる問題を直接、即断即決で解決できるようにするための訓練なんだ。責任は大きいけど、やり応えがあるでしょ。」

もちろん、探査機に対して致命的なことが起きないよう、多重のチェック体制がとられていたのは言うまでもない。その上で、責任はプロジェクトがとるから面白がってどんどんチャレンジしなさい、という雰囲気をチームに埋め込んでいった。

小惑星に名前を付けよう

打ち上げ成功と共に、目的地である小惑星に名前を付けなければという議論が本格化した。実はこの時点まで、私たちは目的地の天体を「１９９９　ＪＵ３」という、味も素っ気もない符号で呼んでいた。厳密に読み解くと、１９９９年5月前半（１―15日）に95番目に発見された小惑星、という意味になる。

小惑星の名前は国際天文学連合（ＩＡＵ）で管理されている。そして小惑星の命名権は第一発見者にある。１９９９　ＪＵ３は米国のリニア（ＬＩＮＥＡＲ）という研究プロジェクトが発見したものだ。そこで打ち上げ前年の２０１３年8月に、はやぶさ2プロジェクトからリニアへ「１９９９　ＪＵ３の名前を提案させてほしい。その提案に従って、ＩＡＵに命名の申請をしてくれないか？」と打診をしたのだ。

リニアチームは「はやぶさ2は重要なミッションだ。そういうことだったら是非」と快諾してくれた。ここまではとんとん拍子だったのだが、実際の名前をどうするかがなかなか決まらなかった。はやぶさの行ったイトカワは、いい名前だった。それははやぶさチームが思いを込めて命名したものだった。はやぶさ2チームももちろん、１９９９　ＪＵ３には深い思い入れがある。イトカワに匹敵する良い名がつけられるか、というプレッシャーはあった。さらに、はやぶさ2が世界中から支持を得るために、チーム外のアイディアも取り入れた方がいいのではないかという議論もしていた。しかしいずれにせよはやぶさ2の開発作業で忙しすぎて、命名のことまでとても頭が回らないというのが実情だった。

それが、はやぶさ2が打ち上がったことで、今こそ名前をつける時だ！　という機運が高まったのだ。名前の候補は２０１５年7月から1カ月かけて世界中から公募した。７３３６

件もの応募があった。日本が多かったが海外からの応募もあった。

多摩六都科学館の高柳雄一館長を委員長とする「小惑星名称選考委員会」が組織され、応募された名称案を一つ一つ吟味した。ＩＡＵが決めた命名規則では、近地球小惑星は神話に基づいた名前である必要があった（イトカワは糸川英夫博士にちなんでいるので異例だった。神話ではなく伝説？）。ＩＡＵのルールに従っていて、はやぶさ2の行く天体にふさわしいというのが選考の基準だった。もちろん、既に使われている名前はだめだ。

選考は難しかった。７千件以上応募があって、最大得票の候補も１００以下なのだ。それだけ百者百様だった。

その中で選考委員の目に留まったのが「リュウグウ」だった。30件の応募があった。１位ではないがかなりの上位。そしてこの文字を見た瞬間、水を探究するはやぶさ2、探究の帰りに、玉手箱を持ち帰るはやぶさ2のイメージが、浦島太郎の物語と、パッと結びついた。こういう有名な名前はきっと既に使われているだろうとも思ったのだが、まだそういう名前の小惑星はないことが分かった。そのような議論と調査を経て、最終的に全会一致で「リュウグウ」が選ばれたのだった。

国際天文学連合の審査は通常3カ月ほどかかるのだが、約半月という異例の早さで審査が終わった。10月5日に記者会見で命名を公表。

正式にはアルファベットで「Ryugu」と表記する。まもなく行われるスイングバイによって、はやぶさ2は目標天体に軌道を振り向ける。その天体に名前がついた。水を想起させる「リュウグウ」という名の星に向かい、浦島伝説のごとく乙姫様に出会って、玉手箱をもらって帰る。プロジェクトチームが「ここに行きたい！」と思える名前を皆さんにつけてもらったのだ。

記者会見の場は、プロジェクトにとってもう一つの戦いの場だ。普段こういうことに慣れてない上に、うまく答えないとせっかく成果を出せてもはやぶさ2のことを広められないという焦燥に駆られる。果たして、記者からは私たちの裏をかくような質問が矢継ぎ早に飛んできた。秀逸だったのは、「浦島太郎の物語では玉手箱を開けると煙が出てきて歳をとるが、リュウグウで得た玉手箱は開けると何が起きのか？」という質問だ。

高柳「浦島太郎の時代とは違い、開けても内部のものが漏れないようになっている。」

津田「開けると、歳をとるのは科学。科学の時計を前に進められます。」

吉川「開けると出てくる煙も含めて分析したい。」

こういう知性に溢れた（？）やりとりができるだけでも、リュウグウとはいい名前をつけてもらったものだと思った。

地球スイングバイ成功

打ち上げてからの最初の1年間は、はやぶさ2は地球公転軌道と並走する飛行コースをとった。並走といっても、太陽や地球の重力が作用する場を飛行するので、地球とずっと同じ距離を保つわけではない。一度離れて、またちょうど1年後に地球に舞い戻ってくる軌道だ。地球から最も離れるのは半年後で、その距離は5700万キロメートル。そこからイオンエンジンと化学推進系を使って、はやぶさ2を精確に地球へと導く。そして2015年12月3日にスイングバイを行う計画だった。

探査機の飛行経路（つまり「軌道」）の管理は、竹内央が率い富士通が支援する軌道決定グループと、西山和孝率いるイオンエンジングループと、私が率いNECが支援する軌道計画グループが担った。その三人四脚の作業が1週間サイクルで回るのだ。軌道決定グループは、探査機との通信電波を使った計測（RARRやデルタドア技術）から、太陽系のどこをはやぶさ2が飛んでいるか（つまりナビゲーション情報）を計算する。イオンエンジングループはイオンエンジンの調子を毎週評価し、来週はどれくらい推力が出せそうだ、という予報を出す。軌道計画グループは、そのナビゲーション結果をスタート地点とし、地球を経由しリュウグウをゴールとする軌道計画を毎週計算した。そのアウトプットが、どの方向にどのくらいイオンエンジンを噴射するかの計画、すなわちイオンエンジン運転計画となるわけだ。

地球スイングバイは、地球の近くのある一点を狙って精密に飛行させる必要がある。地球通過時に許される誤差は数キロメートル。それを5700万キロメートル彼方から狙うのは、たとえるなら東京からブラジルにいる人にボールを投げて当てるような精確さだ。

私は、イオンエンジンを非常に心配していた。初号機で痛い目にあったのを目の当たりにしていたので、重量に余裕ができるたびに、できる限りイオンエンジンに頼らない軌道設計に作り変えていた。その結果、スイングバイまでの1年は、たった500時間の運転、しかも最大能力は使わず4台中2台のイオンエンジンスラスタだけ使えば地球スイングバイが出来るという軌道設計になっていた。(初号機は最初の1年で4300時間稼働。その大半の期間が3台運転だった。)

あまりに楽な運転計画に西山は「これじゃあ〝はや1〟よりいいものを作ったのに、〝はや1〟を超える記録が作れないなあ」、同じくイオンエンジン担当の細田聡史も「もっとイオンエンジンを信用してください！」と言うのだった。私の考えを理解しつつも、イオンエンジン技術者としてひと言いわずにいられるか、という気持ちだったのだろう。

しかしいざふたを開けてみると、飛行はすこぶる順調。イオンエンジンはちゃんと噴きたいときに噴ける。これに私もようやく自信が芽生えてきた。あまりに順調だったので一工夫することにした。スイングバイのための精密軌道修正は、元の計画ではスイングバイ直前に化学推進系を使って行うことになっていた。つまりスイングバイ前後はイオンエンジンは出番がない。しかし、一方で、化学推進系はリュウグウ到着後のタッチダウンなどの運用に使うためできるだけ節約したかった。そこで、スイングバイのための最初の軌道修正をイオンエンジンで行うことにしたのだ。そのために、運用計画、軌道設計に修正が加えられた。チームの臨機応変の対応力を試す良いチャンスでもあった。

9月1—2日にイオンエンジンによる軌道修正（TCM：Trajectory Correction Maneuver）を行った。運転予定時間は12時間、加速量は毎秒1・3メートルだ。イオンエンジンは推力が小さいぶん運転量を微調整しやすい。管制室のドップラーモニターに現れるイオンエンジンの加速履歴を見ながら、既定の加速量に達したところで運転をぴったり止めるのだ。運転停止時刻を正確に割り出すため、最後はグラフを紙に印刷し定規を当てて測ったりもした。意外とアナログなこともやるのだ。軌道修正は正確に終了。これにより、スイングバイターゲット点として狙っていた地球上空の高度３０９０キロの一点に対して１万キロほどずれていた軌道を、４００キロにまで寄せた。

ここまで寄せられれば、あとは化学推進系に任せればよい。11月3日には化学推進系を使った第1回軌道修正（ＴＣＭ１）を実施。スイングバイターゲット点に誤差11キロまで寄せた。11月26日にはＴＣＭ２を実施し、誤差3キロまで寄せた。

12月1日に予定されていた最終ＴＣＭは、精度十分と判断しキャンセル。はやぶさ2は、正確に「スイングバイ回廊」に導かれた。

実はここまでの作業で、スイングバイの大方の成否は決したと言ってよかった。あとははやぶさ2自身にどんなことが起きようと、惰性で飛んでくれるのでスイングバイはしてくれる。西山や竹内ら軌道運用の担当者は安堵した。

代わって緊張感が高まったのは佐伯らシステム担当者だ。はやぶさ2の場合、地球を通過する20分間だけ、〝日陰〟を経験することになっていた。はやぶさ2にとって日陰というのはレアな体験だ。宇宙には曇りはない。太陽がある限り、太陽電池は発電してくれる。その太陽の光がスイングバイの瞬間だけ地球にさえぎられる。全ミッション期間中で唯一、必ず生じる日陰がこの20分間だった。急に日が当たらなくなったことではやぶさ2が異常と判断しないよう、入念に設定が行われた。

２０１５年12月3日18時58分（日本時間）、はやぶさ2は日陰に突入。電力供給がバッテリーに切り替わった。同19時8分7秒、地球最接近点通過。太平洋上空高度３０９０キロメートルを正確に射抜いた。同19時18分、日陰通過終了。その瞬間、管制室は自然と拍手に包まれた。

はやぶさ2は、スイングバイ前後に地球と月の科学観測をたくさん行った。いまさら地球と月を観測してどうするの？と思われるかもしれないが、はやぶさ2にとってはリュウグウ到着前に、〝天体〟に接近する最後の機会。それ以外の期間は、何もない漆黒の宇宙空間をひたすら飛び続けるだけなのだ。しかも地球と月は当然ながらよくわかった天体。よくわかった天体がはやぶさ2の観測機器でどのように写るかを確認することで、観測機器の性能を評価することができるのだ。

かくして、中間赤外カメラ（ＴＩＲ）は地球を公転する月を発見し、近赤外分光計（ＮＩＲＳ３）は地球に大量の水を発見した。光学航法望遠カメラ（ＯＮＣ－Ｔ）は地球が緑豊かな星であることを明らかにした（図版4－1）。渡邊率いるサイエンスチームにとって、リュウグウという〝敵〟を知る前に観測機器という〝己〟を知る良い機会となった。

　変わり種はＬＩＤＡＲ（レーザー高度計）の光リンク実験だろう。これは、地球上の望遠鏡からはやぶさ2に向かってレーザーを照射し、それをはやぶさ2のＬＩＤＡＲで受信することで、光通信の実験をしようというもの。オーストラリアの望遠鏡との共同研究として行った。結果として６７０万キロメートルという距離での光リンクに成功した。深宇宙での光通信はまだ開発途上の技術で、世界で5例目の成果だった。とともに、ＬＩＤＡＲ自体の健全性がリュウグウ到着前に確認できたことが、はやぶさ2プロジェクトとしては大きな安心に繋がった。

図版4–1　地球スイングバイ時に光学航法望遠カメラで撮影した地球　©JAXA、東大など

　地球のごく近くを飛行するはやぶさ2を、日本を中心に多くの地上望遠鏡が観測した。実はそのために私は少し軌道に細工を施していた。日本から観測しやすいよう、夕方の太平洋上空を通るス

イングバイ軌道にしていたのだ。国内外82カ所のアマチュアやプロの望遠鏡が観測に挑戦し、天候の良かった36カ所で観測に成功した。1年前に種子島で見収めたはやぶさ2が、このようにちゃんと実体として宇宙飛行している姿として見えること、それを楽しんでくれる人々が世界中にいるのを知ることは、とても嬉しいことだった。

スイングバイ成功を報告する記者会見は、またもや戦いの場だった。「スイングバイを成功させた現段階は、浦島太郎の物語で言うとどのあたりか？」――よくこういう質問を思いつくなと、私は唸ってしまった。それでも、「亀に乗り、波打ち際を海に潜り始めたところでしょうか」と、しどろもどろに返した。まだ海に入っていないの？と思われたかもしれないが、実際、まだまだ序の口。それが私の偽らざる心境だった。地球近傍からいよいよ深宇宙の大海原へ。「地球人の皆さん、いってきます。」そういう心持ちと共に、一路リュウグウを目指した航海が始まった。

リュウグウ探査の作戦を練る

ここでリュウグウ到着前の時点で分かっていたことを、はやぶさ2の運用計画に必要な情報の観点で整理してみよう。探査計画を立てる上で最も重要なのは、重力、自転状態、表面温度の3つだ。重力の強弱は、はやぶさ2がリュウグウに着いた後の燃料消費に効いてくる。自転状態は、着陸のチャンスがどの時期にどのくらいの頻度で訪れるかを決める。また、表面温度の高低は、探査機が低高度にいられる時間を制約する、というわけだ。

ではこれらのリュウグウの基本情報をどのように知るか。それは、基本的には地球上の光学望遠鏡と、「あかり」などの地球周回軌道上にある宇宙望遠鏡の観測による。

地球上にある、いかに高性能の望遠鏡で見ても、小惑星は点にしか見えない。したがって小惑星の情報は、この〝点〟の色、明るさ、明暗の変化の仕方から推定するしかない。たとえば大きさ。望遠鏡で見える小惑星とは、小惑星が太陽の光を反射し、その光を地球から見ていることに他ならない。大きい星ほどたくさんの太陽光を反射するので、小惑星の反射率を仮定すれば、その大きさを見積もることができる。そのようにして推定された小惑星の直径は約1キロメートルだった。

では、反射率はどのように知るのか。反射率は素材によるから、小惑星の表面が何で出来ているかがわかればよい。小惑星の表面を知るために最も重要なのは、小惑星の色だ。専門的には「スペクトル」という。色はさまざまな波長の光の合成で出来ているから、どの色の波長（つまりスペクトル）がどれだけ強いかを調べることで、素材を推定することができる。リュウグウのスペクトルは「C型」に分類されるもので、炭素質の暗い小惑星と推定された。なお、反射率がわかると、その裏返しで太陽光の吸収率もわかるから、小惑星の表面温度を推定することもできる。

このようにして大きさが決まると、密度を仮定することで小惑星の質量が見積もれる。そうすると万有引力の法則によって小惑星の重力がわかるのだ。では、密度はどのようにすればわかるか。こればかりは地球からの観測では絶対にわからない。小惑星の表面素材が特定できたとしても、中身まで同じかはわからないからだ。また、その素材がどれだけ稠密《ちゅうみつ》に詰まっているのかもわからない。だからここは惑星科学の知見から〝仮定〟するしかないのだ。はやぶさ2プロジェクトが仮定したリュウグウの質量は1億6千万―14億トンだった。これだけ幅があるのは、密度にまったく自信がなかったからだ。

望遠鏡で見る小惑星は、明暗が変化する。その周期から自転周期を正確に知ることができる。リュウグウの自転周期は7時間38分と計測された。難問は、リュウグウの形と自転軸の向きだ。望遠鏡で見える点の情報から形を復元すると聞けば魔法のように思われるだろう。詳細は省くが、点の明るさの時間変化を観察することで、小惑星の形状と自転の向きを同時に読み解くことができる。しかし限界もある。この手法が苦手とするのは、球体のような対称性の強い形状と、表面がモザイクのように場所によって反射率のばらつきが大きい天体だ。到着して明らかになったリュウグウのそろばん玉のような形状は、まさに前者の典型だった。リュウグウ到着前に、リュウグウの最も確からしい形状を推定していたのは、ドイツのマックスプランク研究所のトーマス・ミュラーだ。私たちは、彼のモデルを「ミュラーモデル」と呼び、ミッションを計画する上で何かと参考にした。その推定によると、自転軸は公転面に対して横倒しで、ジャガイモのような形状ということだった。結果として彼の推定はまったく正しくなかった。しかしそれはリュウグウがあれだけ美しい対称形状だったからであり、科学の限界。悪いのはリュウグウの方だ。

こうしてみてくると、はやぶさ2の探査機や設計、運用計画の策定のもととするには、リュウグウについてわかっていた情報は実に心もとないということを感じ取っていただけるだろうか。

＊＊＊

さて、はやぶさ2の方に話を移そう。はやぶさ2はリュウグウに1年半滞在する。リュウグウの公転周期は1・3年だから、ほぼリュウグウの太陽1周分滞在することになる。その間に、3回のタッチダウン、1回の人工クレーター生成、3回の着陸機（ミネルバIIとマスコット）分離を行うのが、はやぶさ2に課せられたミッションだ。
これらの難しい運用は、特別な運用体制で特別な注意を払って行うので「クリティカル運用」と呼んでいた。クリティカル運用は、低高度への降下を伴う。タッチダウンでははやぶさ2が通常滞在している高度20キロから0メートルにまで降下するし、人工クレーター生成では500メートル、着陸機分離では50メートルまで降下することになっていた。降下するためには燃料が必要だから無制限にはできない。はやぶさ2には合計17回の降下を行えるだけの化学推進系燃料が積まれていた。当初計画されていたクリティカル運用の分類を紹介しよう。

Aミッション：中高度慣熟飛行。高度1―5キロレベル（中高度）までの降下テスト。

Bミッション：低高度航法テスト。高度30―50メートルまでの降下テスト。着陸機の分離運用も含む。

Cミッション：低高度自律誘導テスト。高度20メートルまで降下し、着陸のために必要な自律飛行性能を確認するテスト。タッチダウンのリハーサルの位置づけ。

Dミッション：タッチダウン（通常方式。着陸精度50メートル）。

Eミッション：低高度ターゲットマーカー追尾テスト。ピンポイントタッチダウンのため

に、ターゲットマーカーを落とし、それを搭載カメラにより追尾しながら
低高度に留まる自律制御飛行テスト。

Fミッション：ピンポイントタッチダウン（着陸精度数メートル）。

Sミッション：人工クレーター生成およびその前後の地形観測のための降下。

なお、Aミッション、Bミッション……という呼び方は、本書の説明の便宜上つけたものだ。そして、これらを技術難度が徐々に上がるように、かつ、科学調査が論理的な順序で進行するように並べた結果を上述の記号で書くとこんな感じになる。

A↓B↓C↓D↓C↓D↓S↓E↓F

Dが2回、Fが1回現れているのは、タッチダウンを合計3回行うことの反映だ。Sのあとに Fがあるのは、人工クレーターを作った後、そこへピンポイントタッチダウンすることの反映だ。ものによっては1つのミッション分類中に複数の降下が含まれる。たとえば、Sミッションは、事前観測、人工クレーター生成本番、事後観測の3回の降下運用からなる、という具合だ。

実際には、リュウグウの情報が極めて不確定なことが計画を難しくした。特に、「重力」「自転軸の向き」「表面温度」の良い予想がないことが問題だった。到着して予想外の事態

にお手上げとならないよう、運用パターンは何十通りも計画された。はやぶさ2プロジェクトチームにとって、このあらゆる場合を想定して計画を立てるということが最も困難な作業だった。

全てを紹介するのは紙面を割き過ぎるので、ここではわかりやすい数例を紹介しよう。たとえばリュウグウの重力が大きかった場合。この場合は降下回数を減らして燃料を節約する。つまり、

A↓B↓C↓D↓S

とすることで、着陸1回と人工クレーター生成だけを行う。本当はもっとやりたいのだが燃料が足りなくては背に腹は代えられない。

自転軸の向きによっては、太陽・地球・小惑星の位置関係を考えると、人工クレーターを作った後、そのクレーターを観察し、クレーター周辺へのタッチダウンに至るまでの時間を十分にとれないケースがあった。そのような場合は以下のように順番を変えることが考えられた。

A↓B↓C↓D↓S↓E↓F↓C↓D

難易度の高いピンポイントタッチダウンが先に出現するのが難点の計画だ。

中にはこんな変わり種もあった。もし小惑星がいたるところでこぼこで着陸できる場所がなかった場合どうするか。人工クレーターを作ることで、地面が〝整地〟されることに期待して、

A→B→S→C→D

とする案がまことしやかに議論されていた。この場合のSはもはや人工クレーターづくりが目的ではなく、着陸のための土木工事の道具扱いだ。「実際にこんなことになったらお手上げだけどね」と冗談半分に語られていた案だが、〝事実は小説よりも奇なり〟だ。この想像が真実に最も近かったということを、この後我々は思い知ることになる。

ここで紹介したのは典型例のごく一部。ともかくも、2015—17年末にかけて、プロジェクトチームではあらゆる状況を想定した計画が、幾十通りも練られていった。

あとでポイントになるのでここで一つ述べておきたい。我々の作った探査計画では、どの場合も、ピンポイントタッチダウン（F）はノーマルタッチダウン（D）の後に可能であれば実施するということになっていた。これは、ピンポイントタッチダウンがはるかに難易度が高いため、DをやらずにFを実行することは真っ当な技術ステップではない、と考えていたからだ。いくらリュウグウが想定外であっても、Dの前にFは無理。それが当

時の私たちの工学技術的な〝常識〟であった。

「ニセモノの本当の姿」を言い当てた――着陸点選定訓練

運用計画の策定と共に、プロジェクトチームが危機感を持って真剣に取り組んだのが「訓練」だ。水も漏らさぬ綿密なリュウグウ探査計画を立てたものの、私たちはその計画が完璧だとは全く思っていなかった。何せリュウグウは人類未踏の天体だ。人間の想像の範囲内で済むわけがない（そんな天体なら行ってもつまらない！）。

だから、「想定外を想定しよう！」がはやぶさ2チームのスローガンのようになった。すべてを想定することは不可能だが、想定外が起こることを想定することは可能だ。そして、想定外に対処する最も効果的な処方箋が「訓練」だ、というのが我々の答えだった。

はやぶさ2チームが設定した訓練は2種類だ。1つ目は「着陸点選定訓練」。Landing Site Selection の頭文字をとってＬＳＳ訓練と呼ぶ。2つ目は「実時間統合運用訓練」というのだが、それについては次の節で触れる。

ＬＳＳ訓練とは、リュウグウに到着後、大勢のプロジェクトメンバーで迅速に観測し、解析をまわし、着陸目標点を選んで1点に絞り込む訓練だ。私たちが作ったリュウグウ探査計画では、リュウグウ到着後、着陸目標点を決めるために与えられた時間は１・５カ月だった。１・５カ月のうちに、リュウグウを観測し、そこから3次元地図や重力、化学組成分布、地形マップなどの「高次プロダクト」を作成し、それに基づいて安全かつ科学的に価値の高い着陸点を選ぶ、ということをやらなければならない。これらの作業はどれも極めて専門性が高く、誰でもできる作業ではない。プロジェクトチームの国内外の科学者とＪＡＸＡの技術者からなる合計約１００名が、この作業に携わることになった。

訓練をするからには、小惑星の情報が必要だ。だが着いてもいないのにそんな情報はない。そこでプロジェクト内にＬＳＳ訓練の問題を作るチームが結成された。出題チームを引っ張ったのは、工学側は若手の山口智宏、理学からはプロジェクトサイエンティストの渡邊と、サイエンス活動の実務をあらゆる面で補佐する宇宙研の田中智《さとし》だ。それに小惑星と運用技術の専門家30名ほどが加わった。

彼らはまず、訓練用になんちゃってリュウグウモデル（通称「リュウゴイド」）を作ることにした。「なんちゃって」とはいえ本格的だ。東北大の中村智樹《ともき》をはじめとする太陽系科学の専門家を集め、惑星形成の理論に基づいてリュウゴイドの誕生と進化の歴史を仮定し、その歴史からリュウゴイドの形状や表面状態を導いたのだ。そのようにして出来上がったリュウゴイドモデルはジャガイモのような形状で、ごつごつした岩が散在し、ところどころにさらさらした砂で覆われた大きなクレーターが存在する天体だった（図版4―2）。

これをデータ化すると、なんと3億ポリゴンもある3次元モデルになった。ポリゴンとは、3次元モデルを構成する小さな平面のことだ。それが3億もあると、普通のパソコンではメモリーが足りず、表示するだけでもモンスターマシンが必要だ。さらにそのポリゴンの一つ一つに、色や物性などの特性が、仮定したリュウゴイドの歴史に基づいて割り当てられた。

問題を解く側、つまり小惑星到着後にリュウグウ探査を担うチームは、その出題チームが作ったリュウゴイドを、はやぶさ2の観測装置という〝色眼鏡〟を通して見せられる。つまりリュウゴイドの真の姿ではなく、観測装置の誤差や性能の癖が加味された形で見せられるのだ。たとえばはやぶさ2のカメラで観測されるリュウゴイドは、当然3次元ではなく2次元の画像という形であり、またレンズの歪みや収差（レンズによって生じる色づきやボケ）などの影響を受ける。探査チームは、そういった誤差で歪められた2次元情報から、3次元のリュウゴイドの真の姿を〝復元〟する必要があるのだ。

2016―17年に行われたLSS訓練では、小惑星到着後2カ月間で起こるはずの観

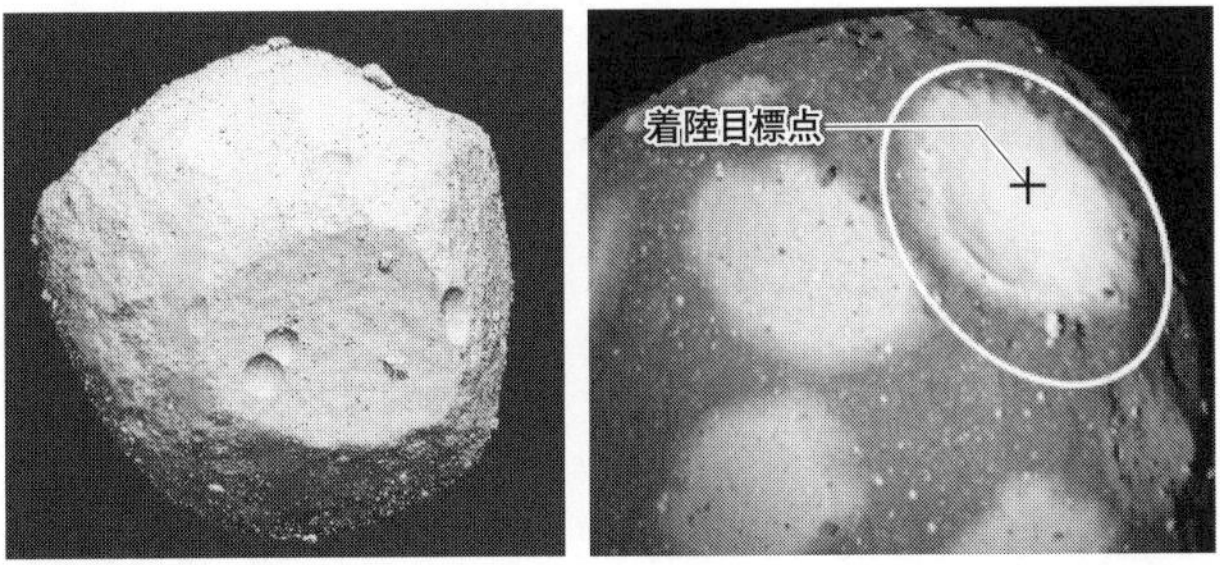

図版4–2　LSS訓練で使われた「リュウゴイド」（左）と、訓練で選定された着陸目標点　©JAXA

測、解析、会議、決断が忠実に再現された。本番と違ったのは、リュウグウではなくリュウゴイドだったことと、じっくり訓練するために時間の流れを遅くし、1・5カ月でやるべき作業を半年かけて行ったということくらいだろうか。

　私たちは、訓練の仮想的な時間の流れの中、2017年4月にリュウゴイドへ〝到着〟した。高度20キロからの観測開始。同5月に初めて高度5キロへ降下して、近接観測。6—7月にはそれらの観測結果から、はやぶさ2、ミネルバII-1、マスコットそれぞれの着陸候補地点を選び出した。

　山口と田中は、大学の研究者や海外の専門家が行う壮大な解析のパス回しをひとつひとつ管理し、問題が出るたびに修正し、うまくいかなければやり直しを指示した。渡邊は科学者としての理想の追求と、探査機の運用に必要な現実感覚のバランスをうまくとって議論を引っ張った。マスコットチームのドイツやフランスのメンバーからは何度も「これは忙しすぎる。なぜ1・5カ月にこだわるんだ？　もっとゆっくりじっくりやった方がいいよ」とクレームが来たが、それでも彼らは最後まで私たちのやり方についてきてくれた。

2017年9月5日に、プロジェクトとして着陸点を決める最終決断の会議訓練が行われた。これは本番では、リュウグウ到着2カ月後に開催され、3つの機体の着陸点が決定され世界に発表される、プロジェクトにとって大きな決断の会議となるものだ。チームで合意形成をいかにスムーズに行うかも、大事な訓練項目だ。マスコットチームもプロマネのトラミを始めとして大勢来日し、総勢60名近くが宇宙研に集まった。

この会議で、はやぶさ2は「白雪姫」クレーター、ミネルバII-1は「女王」クレーター、マスコットは「鏡」平原に着陸することに決まった。これらのメルヘンな地名たちは、渡邊プロジェクトサイエンティストが命名したもの。訓練であっても地名はつける。はやぶさ2チームは、こういうところも手を抜かないのだ。

会議は架空の天体の議論とは思えないほど白熱した。この会議のハイライトの1つ目は、しまいにはプロジェクトの総意として着陸目標点を決断できたこと。2つ目は、答え合わせの場面だ。この日初めて、出題チームからリュウゴイドの真の姿が明かされたのだ。探査チームの解析は、ほぼ真のリュウゴイドを言い当てていた。そのこと自体はプロジェクトチームにとって大きな自信となった。会議の最後で誰かが呟いた。「リュウグウはリュウゴイドに似ているだろうか？」

皆が即座に答えた――「絶対に違う。」

ではこの訓練は無意味だったか。そうではない。リュウグウがどんなものであろうとも、このチームなら臨機応変に対処できる、そんな自信と仲間への信頼をチームメンバーは獲得したのだから。

「やりすぎじゃない？」と言ったら睨まれた――リアルタイム運用訓練

「実時間統合運用訓練」は平たく言うとリアルタイム の管制訓練だ。Realtime Integrated Operationの頭文字をとってＲＩＯ訓練と私たちは呼んでいた（図版4－3）。まったくの蛇足だが、この訓練を考え始めたのはリオデジャネイロ五輪の年の２０１６年。リオ五輪にかこつけてまず〝ＲＩＯ〟訓練と名付け、それに単語を充てた、というのが真相だ。この命名に工学チームは大まじめに取り組み、とても長い時間を費やした。

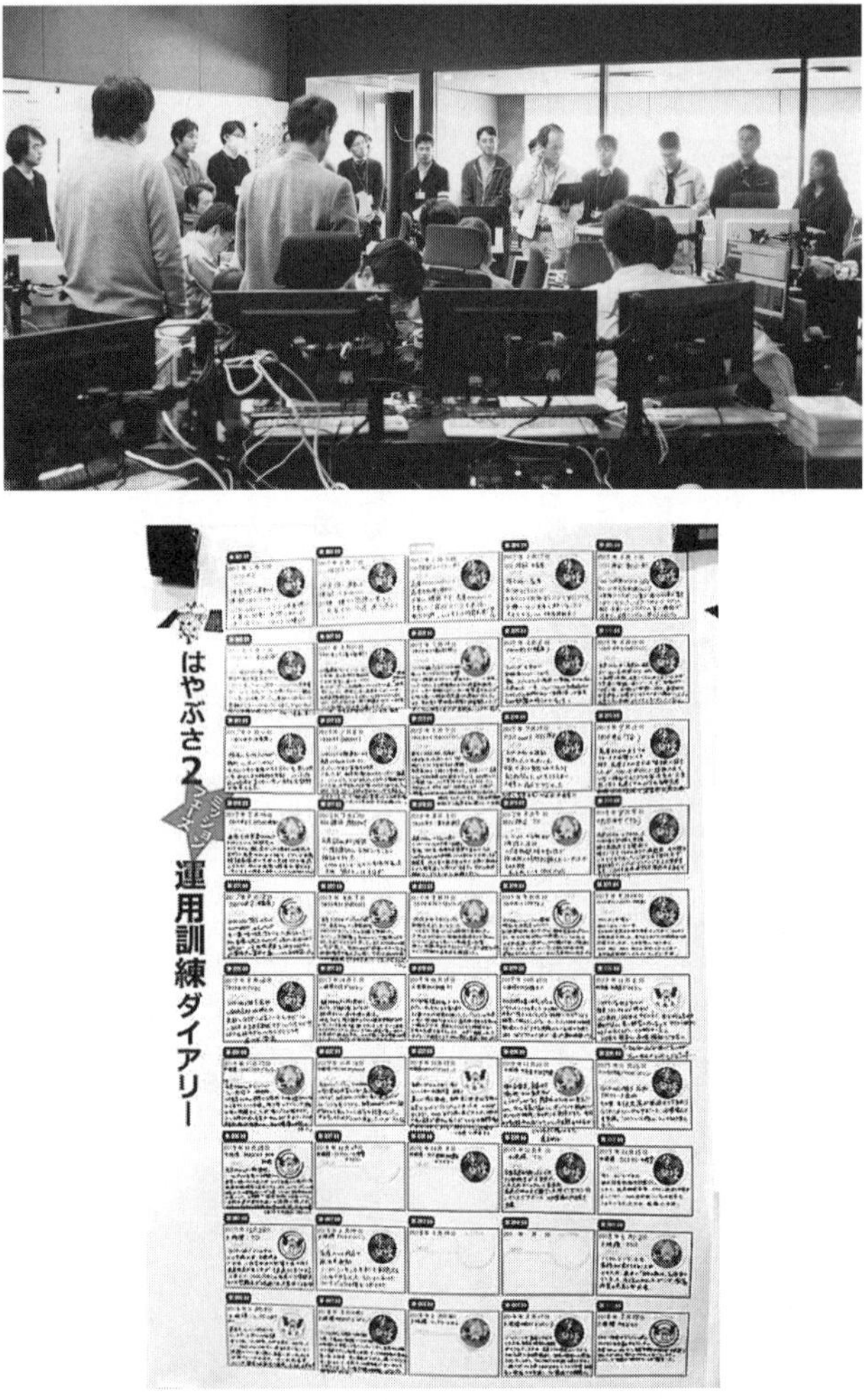

図版4–3　RIO訓練の様子と成績表　©ISAS／JAXA（上）、©JAXA／はやぶさ2プロジェクトチーム（下）

私はプロジェクトエンジニアとして開発をリードしていたときから、着陸のような難しい運用は、絶対に訓練が必要だと考えていた。そのために、はやぶさ2の開発時に試験のために作った部品や装置を残しておき、あとでそれらをかき集めて、電気的にはやぶさ2と全く同じ動作をするシミュレータを作ろうと考えていた。

私がプロマネになった２０１５年、この構想に命を吹き込んだのがプロジェクトエンジニアの佐伯だ。彼は私が構想を打ち明けた時、不満げだった。「訓練をやるのなら、とことんリアルでなければだめです。でも津田さんの考えではリアルさが足りません。」

それでは、もっといい案に育てていこう、ということで、リアルさとは何かの答えを求めて、チームメンバーは検討を重ねた。同じようなコンセプトで訓練をやっているというのでＪＡＸＡ筑波のＨＴＶ（宇宙ステーションへの無人補給機）チームと、ＩＳＳ（国際宇宙ステーション）の運用チームのところに見学に行ったりもした。有人飛行を担う彼らは訓練にも十分に投資していた。同じ問題意識を持つ技術者どうし、会話はすぐに盛り上がる。はやぶさ2の運用訓練を考えているのだと話すと、彼らは快く訓練の要諦を伝授してくれた。

こうして、単にはやぶさ2の飛行状態をコンピュータ上で再現するだけだった環境シミュレータに、「画像生成装置」と「遅延装置」が新たに付け加えられることになった。画像生成装置は、ＬＳＳ訓練でも登場したリュウゴイドの3次元モデルをリアルタイムで描画し、それをはやぶさ2シミュレータの光学航法カメラに画像として入力する役割を担う。宇宙研の3次元グラフィックスの第一人者である三浦昭が引き受けてくれた。遅延装置は、タッチダウン時の地球とはやぶさ2の距離3億キロメートルを模擬し、20分の信号の遅れを生み出す装置だ。地元の町工場があっという間に作ってくれた。どちらも手作り感満載の小さな工夫だった。

　しかしこの2つの工夫で、臨場感は劇的に高まった。管制室の中にいる人にとっては、あたかも本物のはやぶさ2をコントロールするのと同じ感覚になれた。はやぶさ2シミュレータが〝撮影〟したリュウゴイド画像は、遅延装置を通って20分遅れで管制室に届く。管制室から送った指令は、遅延装置を逆にたどって20分遅れではやぶさ2シミュレータに届く。はやぶさ2シミュレータが置かれている部屋は管制室とは別の場所で、通称「神の間」と呼ばれていた。ここではやぶさ2シミュレータを直接操作して、あらゆる故障やトラブルを起こすことができるからだ。部屋の入り口には「神以外立ち入り禁止」の貼り紙がされ、被訓練者である運用メンバーの入室は禁止されていた。

ＲＩＯ訓練の環境が整えられていった２０１６年、それと同時に訓練計画が練られていった。その中心にいたのが、ＪＡＸＡに入社してすぐにはやぶさ2プロジェクトに配属された武井悠人《ゆうと》だ。武井は新人ながらてきぱきと仕事をするさわやかな若者で、寝技を得意とする柔道家だ。彼は寝技のねちねちさで、はやぶさ2の開発経緯を調べ上げ、古株のチームメンバーからヒアリングし、はやぶさ2の設計の弱点や運用の急所をマスターしていった。

ＲＩＯ訓練の対象となるのは、低高度への降下を伴う全ての運用。ローバー分離や、タッチダウン、それに人工クレーター生成運用などだ。訓練は実時間で行われた。多くの降下運用は24時間かかるから、訓練も24時間かけて、本番同様、数十名による8時間交代のシフトが組まれた。

通常、訓練はリュウゴイド上空20キロメートルから開始する。降下速度毎秒1メートルで降下し、高度5キロメートルに至る。高度5キロメートル以下は、降下速度を毎秒10センチメートルに落とす。降下中に〝撮影〟される航法画像は探査機の小惑星に対する位置を割り出すのに使われる。そして、それをもとに軌道を補正するためのスラスタ噴射指令を10分おきに送信する。このように、降下運用は管制室の運用者とはやぶさ2の共同作業なのだ。タイミングや計算を誤ると、はやぶさ2は予定の降下軌道を逸れ、小惑星への激突などの危険にさらされる。

さてここからが、ＲＩＯ訓練の面白いところだ。神の間の出題者（通称、神様チーム）は、自由にトラブルを起こすことができるのだ。たとえば、はやぶさ2シミュレータに細工をして故障を起こす、信号ラインを引っこ抜いて通信を途切れさせる、重要人物に嫌なタイミングで腹痛になってもらい管制室から消えてもらう、などなど。いきなりそういうことをされると運用チームは焦る。運用を続行すべきか、アボート（降下中止）して緊急上昇すべきか、決断を迫られる。まさにそれがこの訓練の狙いだった。どんなに切羽詰まっても、正しい判断ができるチームになる、そのために訓練を繰り返した。

神様チームの仕事は、人の良い者には務まらない。新人だった武井は、当初は何十人もの管制メンバーを罠にはめることに遠慮があったが、私は「いいからいいから、もっとやれ」とけしかけた。管制メンバーの方はと言うと、最初はトラブルに従順に対処していた。が、そのうち「こんなトラブル起こるわけない」と神を冒瀆し始める。さらに訓練を重ねると、管制メンバーが神の手口を見透かすようになり、神の裏をかくような解決をするようになった。こうなると大武井神も黙ってはいない。３重、４重の罠を仕掛けて、幾度となく管制メンバーを窮地に陥れた。あるとき私は武井に「ちょっとやりすぎじゃない？」と言ったら、格闘家の目つきで睨まれた。

こうして2017年中盤から2018年のリュウグウ到着直前までの1年間に行われたRIO訓練は、合計48回。そのうち「撃墜」が21回という過酷さであった。

＊＊＊

はやぶさ2プロジェクトチームにとって、RIO訓練は実り多いものだった。ここではその中から第1回のタッチダウン成功に繋がるエピソードを3つ挙げておきたい。

RIO訓練も半分を消化した2017年末。訓練結果を集計すると、降下時の燃料消費が予定よりかなり大きいことが判明した。実戦さながらの訓練を行った結果わかったはやぶさ2の真の性能だ。これは非常にまずいことだった。燃料は有限だから、このままでは降下回数を減らすしかない。探査計画を大幅に変更することになるが、それはしたくない。そこで我々が見出した解決策は、降り始めの降下速度をこれまでの毎秒1メートルから、毎秒50センチメートルに半減することだった。こうすると、降下にかかる時間は2倍になり体力的には辛いが、燃料の心配はなくなる。この決定は2018年の年明けからのRIO訓練に反映された。――この経験が、後々第1回のタッチダウンで役に立つことになるとは、この時点では知る由もない。

２つ目のエピソードは、リュウグウ到着を３カ月後に控えた２０１８年３月のこと。プロジェクトチームは、ＬＳＳ訓練とＲＩＯ訓練、それに本番のリュウグウ探査の準備に忙殺されていた。立て続けに行われる訓練に、メンバーは疲弊していた。佐伯からは「人が足りていない。私はフライトディレクタを降りて手薄なシステム担当のフォローに入ります。フライトディレクタ制を廃止しませんか？」武井からは、「津田さんの考えるチームは理想的だが、この人数では無理です。津田さんも現場作業に入れませんか？」と切実な声があがった。田中智からは逆の意見が出た。「どんなに忙しくてもプロマネが現場作業はやめた方がいいよ。現場が何とかすべきだ。」チーム内は殺伐とした。それは私だって、プロマネ業よりも現場作業がやりたくて仕方がない。しかし、リーダーが現場作業をすることは大きな危険をはらむ。不測の事態が起きた時、大局的な戦略を立てる人間がいなくなってしまうからだ。そして、はやぶさ2にはきっと不測の事態が起こる。何か別の解決策が必要だった。

数日考えた末、私が提案したのは「権限移譲」だった。それまで管制室での運用上の重要な決断はすべてプロマネの承認をとることになっていた。この最終承認権限をフライトディレクタに譲る。つまり、管制室で一番偉い人はフライトディレクタとし、プロマネであっても管制室内ではフライトディレクタの指示に従うことにする。その上で、今までシステム担当をやっていた若手にもフライトディレクタになってもらう。逆転の発想のようだが、こうするとフライトディレクタとシステム担当の垣根がなくなり、労力軽減になるはずだ。管制室内の体制がフラットになるという効果も期待された。このチームは成熟している。これだけチームワークが良ければ、管制室内でチームが行うこと全てに信頼をおける。だからこそとれる方策だ。

　果せるかな、この変更で運用チームは息を吹き返した。唯一このやり方で悪影響があったとすれば、私の精神面だった。自分が提案したのだから自業自得だが、私自身はますます現場から離れることになった。完全なお膳立て係になり下がった私は、基礎技術的な作業が恋しくなり「あー、ルンゲクッタ積分がやりたい」「たまにはクォータニオン計算がやりたいなあ」（いずれも宇宙飛行の大学レベルの基礎技術）とぼやくようになった。そんな私に佐伯は、移譲された権限を振りかざして、管制室内で「ではやってください」と言うものだから、私は脳内で佐伯を思い切りハリセンではたいた。

　３つ目のエピソードは、２０１７年８月の訓練でのこと。この日、探査機に書き込んだ

「降下プログラム」に不備があることが降下開始後に判明した。降下プログラムとは、小惑星に向けて降下する飛行経路をはやぶさ2に教え込むためのもの。これは神様チームも想定外の本気《まじ》のミスだった。このままでは高度5キロメートルを下回った時に、探査機は自動で危険と判断してアボートしてしまう。しかし、何があっても時間を止めない、巻き戻さないというのがＲＩＯ訓練の掟だ。そこで、降下中に降下プログラムを書き換えることにした。これは梯子を下りながら梯子のステップを取り付け直すような離れ業だ。ＪＡＸＡからＮＥＣへこの解決法を打診したとき、意外なことに保守的な態度をとりがちなＮＥＣが反対しなかった。訓練だからまあいいかと考えたのかもしれない。そして、いかに降下を邪魔せず降下プログラムを書き換えるかをＪＡＸＡと一緒になって考えてくれた。「本番ではこんなことやれませんけどね」と注意することも忘れなかったが。

　結果として、その訓練は最後までやり通すことができた。そして、ここからがプロジェクトチームの真骨頂。やってしまったことは、次にも同様に対処できるよう、記録を残し、反省点を整理しておいたのだ。そしてこのことが、第1回タッチダウンの成功へと繋がる大きな伏線となった。

小惑星到着

地球スイングバイ後も、はやぶさ2は順調に飛行を続けた。イオンエンジンは３つの時期に分割して、合計約６５００時間噴いた。燃料であるキセノンは24キログラム消費した。まだ42キログラム残っているので余力は十分。２０１８年6月3日14時59分（日本時間）に、往路の予定加速量である時速３６００キロメートル分を噴き切って、往路イオンエンジン運転を完了した。

これだけの加速を、たった24キログラムの燃料で出来てしまうのが、イオンエンジンの威力だ。運用の裏で行われていたＬＳＳ訓練やＲＩＯ訓練にはやぶさ2チームが集中できた背景には、このイオンエンジンの安定動作が寄与していたのは間違いない。初号機のイオンエンジンはとにかくよく止まった。止まるたびに管制室にメンバーが集まり、復旧し、軌道制御を再開するということを行っていた。そのような不意のイオンエンジン停止が、はやぶさでは全部で68回も起きていたが、はやぶさ2は往路中たったの4回だった。

イオンエンジン運転終盤の２０１８年2月26日、リュウグウまで１３０万キロメートルまで迫った時に、光学航法望遠カメラＯＮＣ－Ｔにより初めてリュウグウの撮影が行われた。18枚の連続写真には、星空の中にゆっくり動く光点が写っていた。管制室に光学航法カメラ（ＯＮＣ）チームが集まっていた。沢山の星々に埋もれたかすかな点だったがＯＮＣ主任研究者の東大の杉田精司は、「予想通りの写り方だ。はっきりリュウグウが写ってます！」と太鼓判を押した。

これが、はやぶさ2に見せてあげられたリュウグウの最初の姿だ。最初の光という意味で、〝ファーストライト〟とも呼んでいたこの運用の成功は、感慨もひとしおだった。

考えても見てほしい。計算だけを頼りに、30億キロメートルほどの距離を目隠しで飛び続け、ある日ぱっと目を開いたら、その視野の真ん中にちゃんとリュウグウが写っていたのだ！　運動方程式という理論の世界と、惑星間飛行と天体力学が織りなす現実の物理現象が結節した瞬間だった。私が初めてはやぶさ2の軌道設計をしたのが２００９年。そこから9年越しの計算問題の答えが合っていたことが証明されたのだ。小学校に入学して初めて先生に花丸をもらった時くらい嬉しい出来事だった。

イオンエンジンがラストスパート中の5月12―14日には、スタートラッカ（ＳＴＴ）という別のカメラでリュウグウを再び撮影。イオンエンジン運転完了直後の6月5日には、リュウグウの距離は２６００キロメートルに迫り、ＯＮＣ-Ｔで再び撮影が行われた。

ここからは、光学誘導航法の出番だ。光学誘導航法については第2章で述べた。リュウグウの軌道は５００キロメートルほどの不確定性（曖昧さ）が残っている。この不確定性は、はやぶさ2自身が接近しながら取り除き、最後には高度20キロメートルのホームポジションにぴたりと到着させなければならなかった。

光学誘導航法の作業は壮絶なパス回しだ。日中にはやぶさ2が撮影した画像が、日本や海外の天体観測のプロからなる地上観測チームに渡される。地上観測チームは、天体観察の要領ではやぶさ2から見たリュウグウの方向を割り出す。その情報は航法チームに渡される。航法チームは富士通、ＮＥＣ、竹内、津田がそれぞれ作ったソフトウェアで、独立にリュウグウに対するはやぶさ2の位置を計算する。計算結果を互いに比較し、どの答えを採用するかが議論されるのは、日付が変わる頃だ。その結果は誘導チームに渡され、津田が作り若手の菊地翔太、大木優介が育てた誘導計算ソフトで、リュウグウまでの最適な飛行経路が計算される。すると明け方に出勤してきた姿勢軌道制御系（ＡＯＣＳ）担当が、その飛行経路を受け取ってスラスタ噴射のコマンド列を作り、早朝に始まる運用に間に合わせる。これをリュウグウに到着するまで1—2日のサイクルで行い続けるのだ。こうして、はやぶさ2は約3週間かけて、徐々に速度を緩めながら慎重にリュウグウとの距離を詰めていった。

相模原管制室のメインスクリーンには、リュウグウの画像が送られて来るたびに投影された。私たちは未踏天体に向かう宇宙船のブリッジにいる心持ちだった。人類が初めて目の当たりにする天体が、目の前でどんどん大きくなってゆく。どんな疲れも吹き飛ぶ贅沢な光景だ。

6月7日、リュウグウまで距離２１００キロメートル。接近速度は毎秒2・5メートル。まだリュウグウは小さな点だ。リュウグウの周りの空間をくまなく撮影。どうやらリュウグウには衛星は回っていないようだ。小惑星に衛星が回っていたら、科学的にはとても面白い。一方で衛星に気づかずはやぶさ2が近づいて、ぶつかったりしたら大変だ。サイエンスチームの分析の結果、リュウグウはその心配（と面白さ）はないと判定された。

6月13日、距離９２０キロメートル。それまで丸い形にしか見えなかったリュウグウの形が見えてきた。角張っているようだ。リュウグウは四角い天体か？

6月15日、距離６５０キロメートル。リュウグウはどうやら縦に自転している。形は……ダイヤモンドのよう？　ホタル石？　いや、飛行石かな？

6月21日、距離76キロメートル。接近速度は毎秒40センチメートルまで落とした。到着まであとひと息。形はもはやくっきり見えていた。典型的な〝コマ型〟だ！　地形も見え

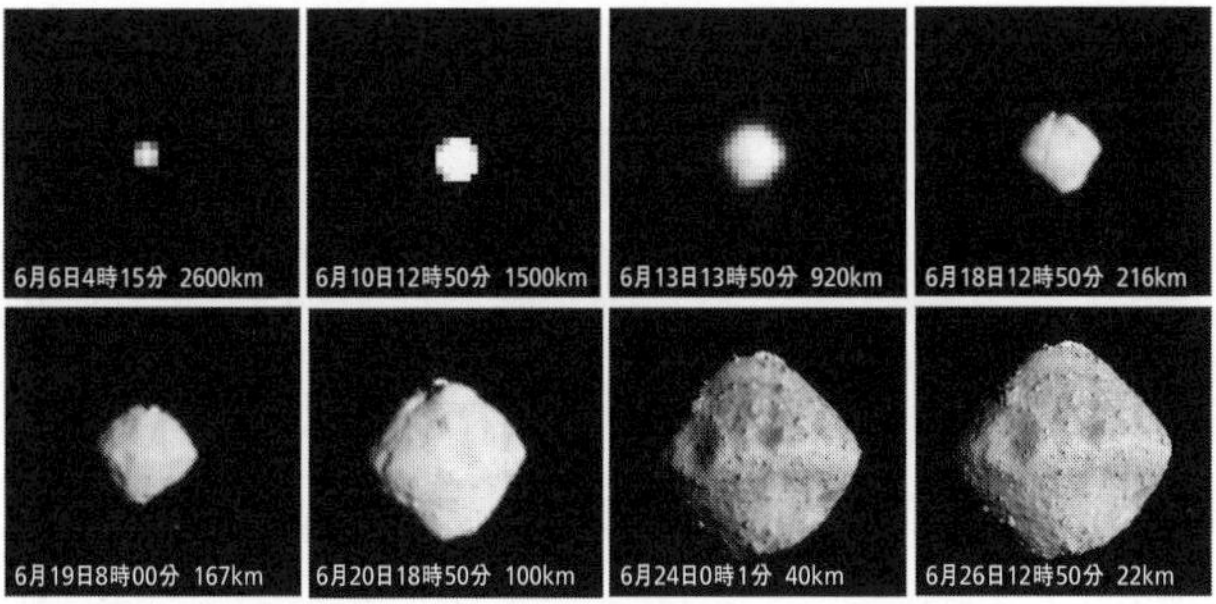

図版4–4　徐々に明らかになるリュウグウ　©JAXA、東大など

てきた。赤道には大きなクレーターがある。

6月24日、距離38キロメートル。レーザー高度計（LIDAR）をONしたが、距離が測れない。リュウグウの反射率は相当低そうだ。

6月27日、運用チーム、サイエンスチームのメンバーが大勢集まった。9時35分、対地高度20・7キロメートル。最後のスラスタ減速噴射。接近が停止した。ホームポジションに到着！　ドップラーが速度ゼロを指した瞬間、管制室に大きな拍手が起こった。

軌道もはっきりわかっていない難しい天体に、計画通り到着できたこと、それを実現する技術を作り上げられたことに大きな達成感を感じた。1999 JU3と呼んでいたころから、10年近く恋焦がれた小惑星リュウグウに、ついに辿り着いたのだ。

メインスクリーンに映るリュウグウは、神秘的で、雄大で、圧倒的だった。管制室のそこかしこで、リュウグウ批評に花が咲いた。が、まだ何かを判断するには早いであろう。これが、明日からの我々の戦いの場だ。そう思うとぴりっと気が引き締まった。

この日、はやぶさ2ミッションは「小惑星近傍フェーズ」へ移行した。翌日行われた運用会議では、到着の状況がプロジェクトメンバー全員に共有された後、大きな円陣が組まれた。宇宙研の大会議室めいっぱいに、肩を組み合った人々の輪ができた。

「小惑星近傍運用、がんばろう！」

1年半に及ぶ、リュウグウとはやぶさ2チームの戦いの火蓋が切られた。

第5章 着陸を目指せ——小惑星近傍運用・前半戦

新世界「リュウグウ」

「これはなかなか着陸が難しそうな天体だ。これまでの計画に固執するだけではだめではないか。」

到着の日、プロジェクトサイエンティストの渡邊誠一郎は、早くもリュウグウに対してこんな感想を漏らしていた。私は「まだ何かを判断するには早い」と思っていたし、訓練の積み上げもあるから「何とかなる」と高をくくっていた。しかし、ＬＳＳ訓練という、人間ごときがつくった人工的な経験の上に積み上げた自信など、太陽系が46億年かけて作った造形の前では、根拠とならなかった。足元が揺らいでいた。

渡邊の動きは早かった。到着の翌々日には第1回着陸点選定解析会議を招集。以降1週間に一度の頻度で、各サイエンスサブチームから、リュウグウについて得られた知見が持ち寄られた。

天体の形状は「そろばんの玉」という表現が一番わかりやすいだろう。小惑星の専門家は、学術上使われる言い回しに沿って「コマ型」と呼ぶ。私たちはこの形に馴染みがあった。小天体科学界では有名な形だったからだ。小惑星が一度でも高速自転を経験すると、遠心力と重力の兼ね合いからコマ型になりやすい。実際、地上からレーダー観測され形状が知れている小惑星には、コマ型のものがいくつかあった。たとえば、米国オシリス・レックスミッションの目標天体であるベヌーもその部類だ。しかし、リュウグウがそうとは誰も想像していなかった。だからはやぶさ2が着いてびっくり。結果として、リュウグウは人類が訪れた初めてのコマ型小惑星となったわけだ。

では、ここで皆さんとリュウグウ世界を一巡りしてみよう。

まず遠くから全景を見渡してみる。赤道直径が１００４メートル、極方向の直径は８７５メートルなので、このコマは子供に踏まれたように少々ひしゃげている。赤道上空に滞空するはやぶさ2からみるとその形はひし形に見える。美しいほどのほぼ完全な対称性のために、自転しているのにその輪郭は殆ど揺らがない。はやぶさ2は行けないが、もし北極上空からこの天体を見下ろすと、完全な真円に見えるだろう。

自転周期は7時間38分。地球の約3倍の速さで1日が進む。〝ミュラーモデル〟が頭に刷り込まれていた私たちは、その自転軸が公転軌道面にほぼ直立しているのは意外だった。公転方向と自転方向は真逆というのも、主要な太陽系の惑星と異なる特徴だ。

赤道に降り立ってみよう。そろばんの最外円周にあたるリュウグウの赤道線に沿って、1周にわたって稜線が走っている。その細い尾根道をもし歩くことが出来たら、平均台の上を歩くような感覚だろう。右を見ても左を見ても、切り立った岩肌だ。ただ、落ちても軽傷すら負わないはずだ。重力が地球の地上の8万分の1しかないからだ。むしろこの天体でジャンプでもしようものなら、時速1キロメートル程度の初速で、リュウグウの重力圏を容易に脱してしまい、二度と戻ってこられないだろう。

尾根から見渡す光景は壮観だ。見上げると、星々の輝く大宇宙。地球がその視野の中にあることだけが、私たちの知る夜空との違いだ。足元には、石炭を敷き詰めたような真っ黒い荒涼とした地面。その地平線の先にはリュウグウの北極や南極までもが見渡せる。

尾根から稜線に直角に400メートルほど駆け下りると、はやくも中緯度帯に達する。そこがこの天体の谷底だ。そしてさらに同じ距離を駆け上がると、リュウグウの極にたどり着く。

ただし、リュウグウ上を駆け回るのは現実的でない。岩塊だらけで足の踏み場がないからだ。20メートル級以上の大岩だけでも、実にイトカワの2倍以上の密度で岩が散在している。大方が黒い岩だったが、ときどき白く輝く石も見える。地表面温度は、太陽があたると100℃前後だが、夜には氷点下を遥かに下回る。大気のない天体の特徴で、寒暖差は過酷だ。しかしはやぶさ2の耐熱性は、人の足裏より高い。100℃以下であれば着陸に支障はないのでご安心を。

大きな岩は赤道域に比較的少なく、高緯度にいくほど多いのも特徴的だ。地球で言えば川の上流に巨石が多く、下流は砂礫が多い状況に似ている。今でこそ赤道は嶺だが、かつては谷底だったということだろうか。自転により、遠心力が最も強く作用するのは赤道だ。リュウグウがもっと高速自転していれば、遠心力が重力に勝るようになる。そうすると赤道の稜線に向かってものは落ちていく。昔リュウグウは高速自転していたのではないか。赤道にせり出して不思議なコマ型形状といい、岩石の分布といい、私たちにリュウグウの歴史を語りかけているようだった。

南極には差し渡し１６０メートルもある白い大岩が顔を出している。まわりの黒基調と対照的なエキゾチックな光景だ。後に「オトヒメ岩塊」と名付けられるその巨石の岩肌には、よく見ると地層のような構造が見えた。面白い。

上空に戻り、もう一度リュウグウの全景を見渡してみよう。圧巻の凹凸地形を作っている要素は、岩塊だけではないことがわかる。クレーターも多いのだ。ざっと観察しただけで、直径35メートルを超える大クレーターが20個以上見つかる。赤道には後に「ウラシマクレーター」と命名されるリュウグウ最大のクレーターが開口している。その直径は

290メートルにも及ぶ。リュウグウ全体を揺さぶる大きな隕石衝突があったに違いない。リュウグウが1自転するたびに、はやぶさ2に大きな砲口を向けているように感じられる不気味な大きさだ。

「これはまずい。」

到着後1週間も経つと、私もそう思うようになっていた。渡邊の到着直後の感想が、悪い形で当たっていた。人間の想像力など大自然の前には足元にも及ばない。恋焦がれてはるばる旅をしてきた私たちに、乙姫様は優しさの片鱗も見せなかった。

「着陸可能な領域は一つもありません」

到着から2週間経ち、リュウグウの情報がまとまってきた。そこからはやぶさ2チームが導き出した今後の探査計画の方向性は次のようなものだ。

(1)重力がきつくないので、燃料の観点では、計画通り降下回数は17回実施可能。タッチダウン3回、ローバー分離3回、人工クレーター生成1回を十分目指せる。

(2)自転軸の向きが横倒しでなかったため、運用順序の制約は厳しくない。スケジュール上は、理想的な順序(A→B→C→D→C→D→S→E→F、4章参照)を採用できる。

（3）表面温度が予想通りであったことから、第3回のタッチダウンまでを2019年5月末までにやりきる必要がある。それ以降はリュウグウが近日点（軌道1周の中で最も太陽に近くなる点）に近づき地表面は100℃超の高温になることが予想される。

（4）地形は地域性に乏しく、総じて険しい。安全な着陸点は見つからない。より詳細な観測と解析が必要。

運用チームの戦いも始まっていた。はやぶさ2が撮影したリュウグウの画像から、会津大の平田成《なる》、神戸大の平田直之、NECの3チームがたった2週間ほどでリュウグウの3次元形状モデルを完成させた。この驚異的な速さを実現する流れ作業は、LSS訓練の努力の賜物だ。

形状モデルと生画像から、目印となる特徴的な地形のデータベースが作られた。重力場の分布も計算された。これらは、小惑星への降下運用に使われる重要な基礎情報になる。

こうして降下運用に必要な航法データベースが完成したところで、立て続けに3回、腕試しの降下運用が決行された。2018年7月17―25日に行われた「BOX-C1運用」と呼ばれる降下運用で、はやぶさ2は初めて高度20キロメートルのホームポジションを離れ、高度6キロメートルまで降下した。7月31日―8月2日に行われた「中高度降下運用」では、初めて精密な誘導方式である「ＧＣＰ-ＮＡＶ」が実戦投入され、高度5キロメートルに到達した。さらに、8月5―10日には、「重力計測降下運用」を実施。この運用では高度5キロメートルまで精密誘導で降下した後、リュウグウの重力に任せて自由落下、8月7日に高度８５１メートルに到達して上昇に転じ、ホームポジションに戻るという運用が行われた。探査機を低高度で自由落下させることにより、リュウグウの正確な重力場の情報が得られた。それとともに、小惑星への降下の肝となる、はやぶさ時代から我々が手塩にかけて育ててきた「ＧＣＰ-ＮＡＶ」の技術に自信がついた。

一方で、低高度から見るリュウグウは、いよいよ容赦のない地形だ。これまでの3回の降下で、リュウグウ全域の10―50センチメートルの解像度の地形データが得られていた。この解像度で見ても、平らなところが見当たらない。「金だわしでこすってやりたい。」こういうとき思ったことがすぐ口に出る佐伯の悪態は、プロジェクトメンバー全員の気持ちを代弁していた。

しかし、立ち止まってはいられない。着陸点選定（ＬＳＳ）作業は、訓練でやってきた手順に従って、猛烈なスピードで着々と進んだ。はやぶさ2の観測データは、地上で受信後すぐに、世界に散らばるはやぶさ2サイエンスチームメンバーに配信された。日単位、ものによっては時間単位で決められたスケジュールに従い、解析結果が宇宙研のはやぶさ2プロジェクトのネットワークサーバーに集約される。リュウグウの地図、温度分布、岩塊の分布、組成分布、重力場データが完成していった。

どこを探しても水が見つからないのは気がかりだった。近赤外分光計（ＮＩＲＳ３）の主任科学者である会津大の北里宏平は焦っていた。水が存在していれば、ＮＩＲＳ３の2・7ミクロンの波長に吸収が見られるはずなのだが、かすかな反応しかなくノイズと見分けがつかない。「水が見つからなかったら、はやぶさ2はどうしましょう？」北里はこの時期、よく管制室の前で焦燥の表情を浮かべていた。「それこそが発見だ」「水がなかったことからどのようなサイエンスストーリーが構築できるか？　それこそ人類が誰も考えつかなかったことなのだから、発見になるはず。」老練な科学のやり方を熟知する渡邊誠一郎や杉田精司はそのようになだめるのだが、目標に沿ってまっとうに真理を追究する北里が「なるほど！」と膝を打った形跡はない。

とまれ、集まったリュウグウの物理化学情報をもとに、はやぶさ2チームは探査機の着陸候補点を、ＪＡＸＡのミネルバⅡチームはローバーの着陸候補点を、ドイツとフランスのチームはマスコットの着陸候補点を絞り込む作業に取り掛かった。

　はやぶさ2の着陸点選定は難航した。当初思い描いていたような１００メートル四方の安全な領域がリュウグウには一つも見つからなかったからだ。着地点解析を担当したのは菊地翔太だ。彼はあらゆる観点からリュウグウの地形の分析を行い、工学チームへ議論の材料を提供した。

「ＬＳＳ訓練の通りのやり方で分析したら、着陸可能な領域は一つもありません。」菊地は嘆息交じりに報告した。

「訓練通りのやり方では通用しないのは明らかだ。はやぶさ2にとって安全な場所を探すのは諦めよう。しかしリュウグウで一番安全な場所を探すことはできるはずだ。」そう方針をチームに示す以外に、私に出来ることはなかった。〝リュウグウで一番安全な場所〟が〝はやぶさ2にとって十分安全な場所〟ではないのが大問題であったが、そのギャップの埋め方は、これから一生懸命考えるしかない。議論の末、15カ所の着陸候補エリアが抽出された。15カ所も選んだのは、自信のなさの表れだった。どれもこれも平たんではなかったが、悪い中でも悪さが少ないエリアをひねり出した、という感じだ。

　この着陸点選定作業をドライブしていたのは、佐伯率いる「近傍フェーズ計画会議（通称、Ｐ３Ｔ会議）」と、渡邊率いる「着陸点選定解析会議（通称ＬＳＳＡＡ会議）」だ。前者が工学的な立場から、後者が理学的な立場から、着陸適地を探した。それに加え、ＮＥＣとＪＡＸＡの合同会議「ミッション運用検討会」で、探査機運用技術の観点の議論・調整が行われた。実際にはリュウグウがあまりに難しい状況だったので、多くのメンバーはこの３つの会議を渡り歩いた。壁を取り払わないと、答えは見つからない。皆が持つ焦燥感が、自然とチームのコミュニケーションを良くしていったところがある。

　渡邊はサイエンスのあらゆる議論をリードした。いつも議論の中心にいながら、決して前に出ず、いくつもあるサイエンス分科会の責任者はそれぞれの専門のサイエンティストに任せた。「着陸候補点科学評価書」のとりまとめを任されたのは、広島大学の薮田ひかるだ。８月中旬に完成したこの評価書の中で、15のタッチダウン候補地点の科学的な価値の比較評価が示された。その結果は、リュウグウにあまり地域性がないことを反映し、優先順位は付けられたもののどの着陸候補点も十分価値が高いというものだった。水の存在に地域差があれば、着陸点選定を左右したに違いないが、それもない。これは不幸中の幸いだった。そうであれば、最大限安全と思える場所を選ぶことだけに注力できる。

　工学チームの安全評価を経て、大きな岩塊が比較的少ないエリアとして、「Ｌ08」エリアが第一候補、「Ｍ０４」「Ｌ０７」エリアがバックアップとして選ばれた。少ない、と言っても危険な岩塊が数十個あるエリアばかりであった。

着陸点選定会議

２０１８年８月17日、「着陸点選定会議」（通称ＬＳＳ会議）が、宇宙研の向かいの相模原市立博物館で開催された。安全な着陸点が見つからない状況で、延期した方が良いのではという意見もあったが、物事を前に進めるためには、是が非でもこの会議をやっておきたかった。国内のプロジェクトメンバーに加え、ドイツ、フランス、米国などから総勢１００名以上が集結した。

リュウグウについて、各サイエンスサブチームから分析結果が示された。たった50日間でここまで科学分析が進んだのは、申し分ない出来だ。そしてはやぶさ2チーム、マスコットチーム、ミネルバⅡチームから、それぞれ着陸点選定解析の結果が報告された。

が、ここで案の定紛糾し始めた。安全な着陸点がひとつも見出せないのだから当然だった。着陸のリスクについて、非常に厳密な質疑がなされた。

「安全な場所が見つからない以上、リュウグウの分析にもっと時間をかけるべきだ。リュウグウ離脱までまだ1年以上ある。じっくり時間を使うべきだ。」

「あなたたちは岩を危険とみなし、岩のないところを探している。見たところ平らで大きな岩もありそうだ。着陸できる岩を探したらどうか？」

様々な意見が出たが、決め手がなかった。慎重に進めるべし、そこには誰も異論がない。しかし、何もしないで手をこまねいていたくはなかった。

この会議に、プロジェクトチームは腹案を用意していた。答えは持っていない。しかし前に進めるためには、はやぶさ2の実力を知ることが先決だと考えていた。確かにはやぶさ2の設計上の着陸精度は50メートルだ。しかし工業製品のスペックというものは、作った者が使う者に保証する性能で、必然的に保守的な数字になる。実力はもっと高いはずだ。そこを見極めて、「仕様」ではなく「実力」の上に着陸の方法を再構築するしか道はない。この会議で、私はプロジェクトチームを代表してそう提案した。

「実力を見極めるために、場所を決めて、そこへ向かって降下運用を繰り返したい。その場所として、L08に決めようではないか。」

しかしこの提案もすぐには受け入れられなかった。夕方になっても議論は収束せず、相模原市立博物館での会議は時間切れ。急遽宇宙研の会議室が確保され、〝延長戦〟が行われた。

「降下目標点を決めなければ、たしかに先に進めないな。リュウグウの地形は一様だから、L08に決めてよいのではないか。」

「探査機本体のタッチダウンの前に、ミネルバIIやマスコットが着陸する。それらのデータも有効利用しよう。」

「タッチダウンのための実力把握と性能改善は、戦略的にやるべきだ。すべての降下運用を活用しよう。」

皆が同じ方向を向いてきた。私は議論を進めながら、結論の文章をまとめていき、会議室のスクリーンに投影した。最終的な決定事項はこうだ（図版5－1）。
（1）はやぶさ2のタッチダウン点は、第一候補をL08、第二候補をL07およびM04とする。
（2）ミネルバII－1の着陸点はN6地点とする。
（3）マスコットの着陸点はMA－9地点とする。
（4）はやぶさ2のタッチダウン実現には高精度化が必須。プロジェクトチームは、そのために必要な各種手段を講じる。（以下、各種手段の具体的内容の記述が続く……）

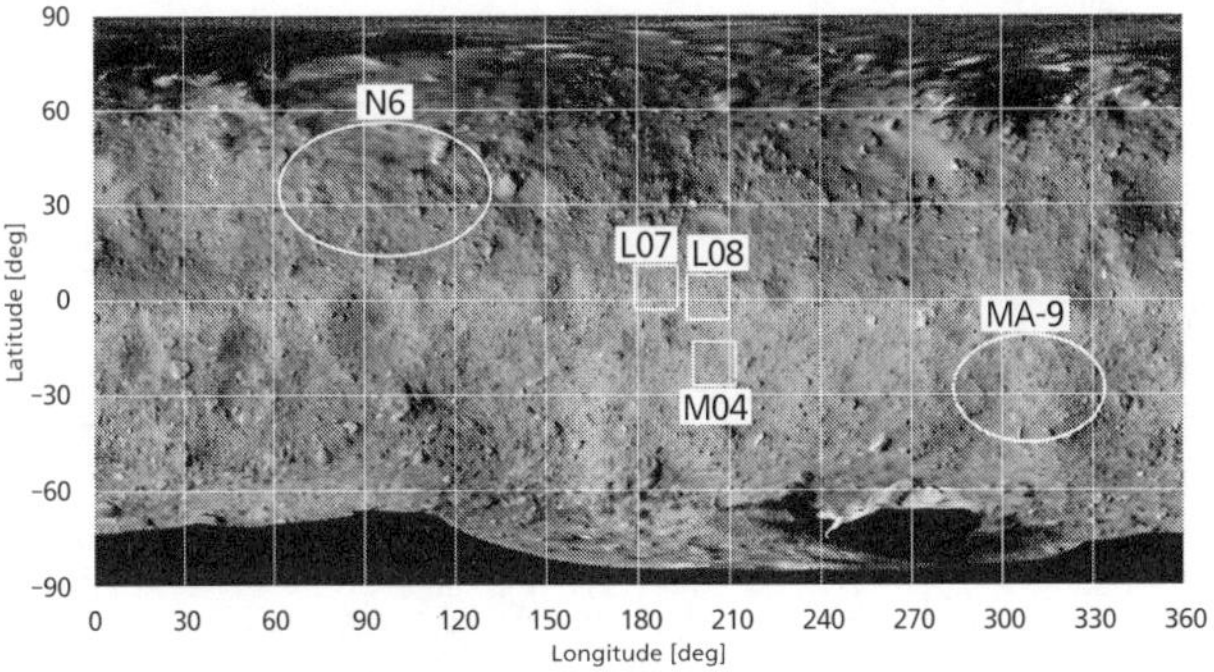

L08: はやぶさ2のタッチダウン目標点
L07、M04：はやぶさ2タッチダウン目標点のバックアップ
N6：ミネルバⅡ-1の着陸目標点
MA-9：マスコットの着陸目標点

図版5–1　LSS会議の結論　©JAXA、東大など

私は結論を読み上げた。あれだけ議論が百出していたのに、いま、反論がなく、会場は静まり返った。不安になった私は「Are we sure?（これで私たちは本当にいいですか?）」と念を押した。刹那、割れんばかりの大きな拍手が起きた。「Yes!」「これでいきましょう!」全会一致だった。国際的なメンバーと、これだけ結束を感じたことは後にも先にもこの時が一番だ。背筋がゾクゾクした。

この日の夜、会議出席者全員で、ビアガーデンに繰り出した。議論を戦わせた皆と健闘を称えあった。NASAから来た代表者は「Wise, logical and proactive decision!（賢明で、論理的で、積極的な結論だったよ）」、オシリス・レックスの主任科学者（PI）のダンテ・ローレッタは「いい議論だったよ。しかし真に大変なのはこれからだね。同じサンプルリターンミッション仲間として幸運を祈るよ」と声をかけてくれた。リュウグウに到着してからこの方、ずっとチームの空気は張り詰めていたので、束の間の解放感だった。

＊＊＊

数日後、マスコットチームのプロマネのトラミ・ホーが、２人で話したいと声をかけて来た。いつになく真剣な面持ちだった。

「マスコットの着地点がＭＡ－９に決まったことは良かったと思っている。しかし、地形が凸凹であることはとても心配している。マスコットはホップできるが、もし岩と岩の間に挟まったら身動きがとれない。」

「その心配はわかります。」私は頷いた。

「マスコットチーム内でも、これからもう一度詳細にＭＡ－９への着陸のリスクを分析する。ユウイチに聞きたいのは、もし私たちがＭＡ－９に着陸はできないと結論づけたら、どうなるか？　ＬＳＳ会議の結論は非常に重いことはよくわかっている。でも、ＭＡ－９の地形に絶対の自信は持てない。」

リュウグウの地形はマスコットにとっても至難だった。トラミも、プロマネとしてぎりぎりの決断をしていたのだ。彼女の不安が痛いほどわかった。しかし安易な妥協はミッション全体を破綻へと導く。いっとき私の心に深い逡巡が生まれたが、思い直した。トラミは、はやぶさ2全体のリスクを分かった上で、究極の決断を迫られた際の基本理念を私に確かめている。私は返した。

「トラミ、あなたはマスコットのプロマネです。プロマネはいつでもチームの成功のために決断できる。マスコットについてのあなたの決断を、私はいつでも尊重します。マスコットの成功がはやぶさ2の成功です。」

私たちは、双方の同意がない限りマスコット分離をしないことを確認した。それとともに、マスコットの運用を成功させるために、お互い最後まで協力していこうと誓い合った。

ＬＳＳ会議の出席者がそれぞれの母国へ帰国していった。サイエンスメンバーは、L08、ＭＡ-９、Ｎ６エリアの詳細な分析を開始した。運用メンバーは、「L08」をターゲットとして、次なる降下運用の準備に取り掛かった。リュウグウ探査の第二幕が始まろうとしていた。

大方針転換、ターゲットマーカーを落とそう

２０１８年９月11日、ＬＳＳ会議の結果を受けて、Ｌ08点へのリハーサル降下（運用コードＴＤ１‐Ｒ１）が行われた。この運用の目的は、Ｌ08上空高度23メートルまで降下し、①タッチダウンシーケンスの運用性の確認、②低高度でのみ使えるレーザー高度計ＬＲＦが機能することの確認、③Ｌ08点の観測を行うことだった。

14時27分（日本時間）、「ゲート１」判断の結果は降下準備よし。運用チームは、重要な判断ポイントを「ゲート」と呼んでいて、そこでのチェック項目を全てクリアしないと次の段階へ進めないことにしていた。どの降下運用も、開始から終了まで６つのゲートが設定されていた。15時27分、高度20キロメートルのホームポジションから秒速40センチメートルで降下を開始。探査機は、小惑星と地球を結ぶ仮想的な直線上を静かに降りて行った。翌２時５分、高度５キロメートルの「ゲート２」を通過。降下速度が秒速10センチメートルに緩められた。ここまでは順調だ。

これまでの最低高度記録は、重力計測降下運用時の８５１メートル。それより低い高度ははやぶさ２にとって未踏の領域だ。管制室の緊張感はいやが上にも高まる。

12時57分、それまでモニター上に一点一点、滑らかに打たれていったＬＩＤＡＲの高度

値が、突然打たれるべきところに表示されなくなった。管制室は瞬時に異変に気付いた。よく見ると、高度値がぶっ飛んだ値を示している。

フライトディレクタ（ＦＤ）の佐伯が、即座に「安全確認！　ドップラーは？」と叫ぶ。

「上昇を示しています！」システム（ＳＹＳ）からすぐに応答があった。

「これはアボートだ。探査機は上昇しているので安全です。まずは各担当、状況把握をしてください。」佐伯から管制室へ指示が飛んだ。

ここから先の緊急対処は、整然と行われた。この状況は訓練で経験していた。管制室に詰めている40名ほどが、淡々とアボート発生時の手順を遂行し、はやぶさ2をホームポジションに帰し始めた。

姿勢軌道制御系（ＡＯＣＳ）リーダーの照井は、責任を感じていた。ＡＯＣＳ配下の機器であるＬＩＤＡＲが問題を起こしたに違いない。彼は管制室での仕事が一段落すると、ＬＩＤＡＲの装置開発を担当した宇宙研の水野貴秀の研究室へ駆け込んだ。そこにはＬＩＤＡＲのエンジニアリングモデル（地上試験モデル）があったからだ。照井と水野はすぐに再現試験に取り掛かった。ＬＩＤＡＲサイエンスチームの国立天文台の並木則行、千葉工大の千秋《せんしゅう》博紀《ひろき》らも調査に加わった。ほどなく原因が特定された。どうやら、リュウグウが想定以上に反射率が低い（つまり、黒い）ために、未踏高度である６００メートルに至ったときにＬＩＤＡＲがその暗さについていけず、目を回したのだ。原因が特定されたのは、アボートした日の夕方だったから、超特急のファインプレーだった。

そこまでわかれば、アボートに至るシナリオは、容易に解釈できた。ＬＩＤＡＲの高度値が暴れると、探査機は「そんな高度変化はありえない。自分が狂った」と判断し、自動的に上昇のためのスラスタ噴射を行い、以降のすべての計画動作を中止する。それが今回のアボートの全容だ。

プロジェクトは、完全に出鼻をくじかれた。タッチダウンに至る最初の一歩で、ＬＲＦの確認はおろか、たった６００メートルまでしか降りられなかったのだ。所期の目的を達成していない以上、リハーサルはもう一度やらざるを得ない。このあとミネルバⅡ-1、マスコットの運用も予定されている。そうすると、もともと10月末を予定していたタッチダウンは、年内はスケジュール的に不可能だ。

チームは、運用が繁忙ではなくなる年末年始が、唯一腰を据えて作戦を練り直す期間だと考えていた。しかし、このままでは何の好材料も揃わないまま、無為に年を越すことになる。タッチダウンを来年に先送るにしても、現状ではリュウグウの地形の険しさの把握もそれへの対処法も、何一つ進んでいない、その上、今日起きたアボートの対策を考えねばらない。このまま進めた先に、着陸成功の未来が思い描けなかった。我々は詰んでいる。

やはり、あれを提案するしかない——私は、これまでチームが検討してきたリュウグウの険しさへの対処案が次から次へとボツになっていくのを目の当たりにしながら、ある作戦に思い至っていた。

アボートの日の夕方、プロジェクトの主要メンバーが集まり、緊急の対策会議が行われた。皆一様に、疲労の色が濃い表情をしていた。TD1-R1運用の経緯が復習され、原因究明の結果が報告された。その上で、今後どうするかに議題が移った。

「次のリハーサルは、今回の運用のリベンジをする。問題はその次です。思考実験なんだが、次の次の降下でターゲットマーカーを落としたらどうだろう？」私はそう提案した。

もともとの予定では、ターゲットマーカーは、タッチダウン運用の本番で、接地の直前に地表へ落とし、探査機が落ちゆくターゲットマーカーを追いかけ、最後には地表との相対速度をゼロにして着陸するために使うものであった。

私の提案は、その通常方式に見切りをつけ、「ピンポイントタッチダウン方式」に舵を切ろう、というものだった。この方式は、既に落ちたターゲットマーカーを目印にして、その近くの特定の位置に正確に着陸する方式だ。通常のタッチダウン方式との違いは、ターゲットマーカーを落とすことと着陸することを完全に分けること。この方式は、我々にとっては難易度が高く、実験的要素が高い方式だった。だから、通常タッチダウン方式を成功させた後、初めて実戦投入に踏み切れる技術だと考えていた。

　難しいことにむやみにチャレンジして、虻蜂《あぶはち》取らずになりはしまいか。リュウグウが厳しい環境のときに、技術的にも難しい方を選ぶことは本当に得策だろうか。しかし、〝詰み〟の状態を打開するには、ゲームのルールを変えるしかないではないか。そういう葛藤からの提案だった。しかも、この案のもう一つの凄みは、人工クレーターへのタッチダウンも狙えるという意思が自然と組み込まれていることだった。なぜなら、ピンポイントタッチダウンはもともと人工クレーターへの着陸のために用意していた手法であり、それを先取りして今実施することで、次の着陸は楽になるはずだからだ。1回目のタッチダウンもままならない中、複数回のタッチダウンは無理だろう、という空気があったから、これは一発逆転の案だということを、チームメンバーも敏感に察知した。……とは言っても、

「津田が言うなら、そうしよう。」

とならないのがこのチームの良いところだ。私の案を含め様々なケーススタディがその場

で議論された。私と同様の案が頭にあった人が何人かいたようだった。しかし従来計画を大きく逸脱するので言えなかった。そのあとちょっとの部分を私がみんなの背中を押した。そういう印象だった。結果、年内にターゲットマーカー投下まで実施し、その結果を評価して次の作戦を考えよう、ということになった。

あとから顧みると、はやぶさ2のリュウグウ探査が成功に転じた一番大きなターニングポイントがこの会議であった。リュウグウに到着した時、私は記者会見で「これまでは慎重に進めてきた。これからはリュウグウが相手。大胆に挑戦していきたい」と宣言したが、それを実行したのが、私にとっては、まさにこの時だった。

2つのロボットは元気に写真を送ってきた

タッチダウン実現に向けた方向性が議論される傍ら、降下運用が着々とこなされていった。

２０１８年9月19―21日、ミネルバII-１分離運用実施。降下運用はスムーズで、鬼門だった６００メートルも難なく通過。9月21日13時05分（日本時間）に高度55メートルに到達し、ミネルバII-１AとII-１Bという名の２つのロボットを分離した。

初代はやぶさでは、分離タイミングを誤ってミネルバを分離したため、ミネルバ自身は健全だったのにイトカワに着陸することなく宇宙空間を永遠にさまよってしまった。その時と同じ、吉光徹雄がミネルバII-1の開発を担った。彼にとっては10年越しの再挑戦《リベンジ》。

彼はこの運用の前の記者会見で記者に意気込みを聞かれ、「私が意気込んでも仕方がない。ミネルバは自律的に動きますので」とぶっきらぼうに答えていた。技術的には正確過ぎるこのコメントに、私たちは笑ってしまったが、記者さん達は鼻白んだかもしれない。他人におもねらない、技術屋気質の強い男だ。探査機の運用チームはもちろん彼の経歴を知っている。今度こそきちんと小惑星表面へ、「ミネルバ」の名を冠するロボットを送り届けてあげたかった。

分離後、2つのロボットは元気にシグナルを送ってきた。ホッピングして移動しながら、地表の温度を計り、写真を撮ってははやぶさ2へ送信した。撮影された画像は非常に迫力があるものだった。眼前の微細な地表の状況がわかる画像、ホップしながら上空から小惑星を撮影している画像、中にははやぶさ2の母船が写っている画像もあった（図版5-2）。

運用が一段落したとき、吉光からの声が管制室に流れた。「ミネルバII-1は2機とも元気に活動を続けています。ここまで実現してくれて、本当にありがとうございました。」万

ミネルバⅡ-1Aがリュウグウ地表で撮影した画像
©JAXA

マスコットが降下中に高度25メートルで撮影したリュウグウ。右上の黒い点はマスコットの影　©MASCOT、DLR、JAXA

図版5–2　地表探査ロボットが撮影した小惑星の表面

感の思いがこもった感謝の言だった。運用チームは、あの吉光をここまで喜ばせたことに満足した。

ミネルバⅡ-1Aは「イブー（仏語でミミズク）」、Ⅱ-1Bは「アウル（英語でフクロウ）」という愛称がつけられた。2機のミネルバⅡ-1は、地上やはやぶさ2からの指示がなくとも自律的に移動探査を続けるよう設計されていた。イブーは1カ月、アウルは10カ月は小惑星上で活動していたことがわかっている。

＊＊＊

このミネルバⅡ-1の成功は、マスコット運用実施に弾みをつけた。9月末、マスコットのプロマネのトラミから、彼女のサインが入った「分離同意書」が届いた。トラミの不安を払拭すべく、直前までいろいろな解析が行われていたが、ついにマスコットチームはMA-9エリアへの着陸にGoをかけたのだった。

気がかりなのは、この時期の天候だった。日本列島は台風シーズン。宇宙側が準備万端でも、地上局が使えなければ、クリティカル運用は実施できない。この時日本列島に接近していたのは「ＴＲＡＭＩ」という名の台風24号だった。

「トラミ、分離に同意してくれてありがとう。しかしあなたの名前の台風が来ている。マスコット運用をしたければどけてくれないだろうか？」

そう冗談を言いつつも、この台風を避けるため、運用チームははやぶさ2の降下準備作業を前倒ししたり組み替えたり、薄氷を踏む思いをした。

マスコット運用は、はやぶさ2の全運用の中で最も大きな体制が布かれた。はやぶさ2は相模原宇宙管制センター（ＳＳＯＣ）から運用されるが、マスコットは、ドイツのケルンの管制センターから運用される。ケルンには50名の人員が詰めていたというから、探査機側より大所帯だ。そして、探査機との通信を司る地上局は、日本の臼田局、ＮＡＳＡ深宇宙ネットワーク（ＤＳＮ）、ＥＳＡ深宇宙追跡局のアンテナが総動員された。

10月2日、降下開始。翌3日9時50分に、「ゲート3」判断ポイントの高度５００メートルに到達。ここで、マスコット分離の最終Ｇｏ／ＮｏＧｏ判断がなされる。ケルン管制室でマスコットの健全性がチェックされ、トラミの「Ｇｏ」判断が相模原管制室のＦＤ佐伯に伝えられた。佐伯は分離を決断。私は「これまで共に旅をしてきたこと、そしてマスコットチームとはやぶさ2チームの友情に感謝します。Good luck, MASCOT!」と言ってその決断を追認した。

10時57分、高度51メートルでマスコットは分離された。打ち上げ直前に懸案となった通信も問題なく、マスコットからの安定したシグナルをはやぶさ2は受信し続けた。はやぶさ2の方は、高度3キロメートルまで上昇し、そこで滞空を開始した。マスコットはミネルバⅡとは異なり、太陽電池は持っていない。すべての動作を内蔵の電池で賄い、その寿命は16時間と見積もられていた。だから、電池寿命に少しプラスアルファした24時間の間、低空で確実にマスコットとの通信を維持するという作戦だったのだ。

マスコットは地表に着陸したとき、上下さかさまにひっくり返っていた。マスコットチームから、様子を調べたいからはやぶさ2の通信速度を上げてほしいと要望が来た。このときＮＡＳＡ深宇宙ネットワーク（ＤＳＮ）はマスコット運用の重要性を配慮して、頼みもしないのに直径70メートルの最高性能のアンテナではやぶさ2を追跡してくれていた。はやぶさ2運用チームは、その余裕を利用して、最大限通信速度を上げた。

〝さかさま〟の状況を把握したケルンの管制チームは、即座に〝ホップ〟コマンドを送信した。これにより、マスコット内部の羽根車が回転。その反動でマスコットはぴょんと跳躍し、仰向けからうつ伏せに直った。そして見事、正常な姿勢で観測を開始したのだった。その後、さらに数度ホップをして場所を変え、予定より少し長い17時間の観測を終えた。精細な画像を含む、素晴らしい観測データが得られた。

ケルンから「データレートを上げてくれて助かった、ありがとう。おかげで窮地を大成功に変えることができたよ」と相模原管制室へ。「その感謝の半分はＤＳＮに伝えておくよ」と我々は返した。国際的なチームワークの勝利だった。

ちなみにマスコットが地表に降り立った時、はやぶさ2はイブー、アウル、マスコットの3機と通信をしていた。3機もの移動探査ロボットを小天体上で同時運用した宇宙ミッションなどこれまでにない。

マスコットからの信号が途絶えて10分後、ケルン管制室のトラミから、「マスコットの全運用の終了」が宣言された。インカム越しに、大きな拍手が聞こえてきた。聞き馴染みのあるたくさんのドイツやフランスの仲間の声で祝辞と感謝が続いた。私からの「Congratulations!」の言葉に対して、トラミからは「You have been always with us.（あなたはいつも私たちに寄り添ってくれました）」と返してくれた。これまでの苦労がすべて吹き飛ぶ何よりのメッセージだった。

このマスコット運用が行われていた日、マスコット開発のお膝元であるドイツのブレーメンでは、国際宇宙会議（ＩＡＣ）と呼ばれる宇宙業界で最大の国際会議が行われていた。このマスコット運用は、ＩＡＣでも速報的に成果が報告され、会議を大いに盛り上げた。ブレーメンの市庁舎には、はやぶさ2とマスコットの展示がされ、5万5千人の人が訪れたというから凄い。ちなみにブレーメンの人口は55万人だそうだ。

着陸目標点にターゲットマーカーを設置せよ

マスコット運用までが予定通り進んだことで、プロジェクトは、年内に残されたあと2回の降下運用をタッチダウン実現のための下準備に使う決心がついた。

「リュウグウの険しさに今の私たちの実力では太刀打ちできない。正確なタッチダウンを模索するため、はやぶさ2プロジェクトは一旦立ち止まろうと思う。年内にタッチダウンは行わず、リハーサル降下を行う」という旨の記者会見を行った。この決意は、第1回に時間をかける分、暗に第3回タッチダウンを行わないことを示唆していたが、同時に2回目は諦めていないぞ、という強い意志をも込めていた。

そうしてすぐさま実施に移されたのが、「TD1-R1A」運用だ。これは前回アボートしたタッチダウンリハーサル運用の再挑戦として10月14―16日に行われた。降下目標は、L08エリアの中で特に平坦なL08-Bというポイント。10月15日22時44分（日本時間）、最低高度22・3メートルに到達。低高度で使うレーザー高度計であるLRFの計測に初めて成功した。LRFは、近くに物体がない限り正しく高度が測れないから、その機能がやっと確認できたというわけだ。技術というのは非常に地道で、このように一つ一つ証拠を積み上げて、その上により難度の高い運用を組み上げていくのだ。その意味で、LRFの正常が確かめられたことは、私たちには大きな一歩となった。

＊＊＊

10月23―25日、この年最後の降下運用であるTD1-R3運用が行われた。降下目標は、前回同様L08-B地点。かねてから決めていた通り、この運用ではターゲットマーカーをL08-Bを狙って投下し、その後そのターゲットマーカーを追尾するという試験を行うことになっていた。

10月25日11時37分（日本時間）、高度12メートルに到達しターゲットマーカーを分離。分離後も、探査機は低高度を5分ほど維持。ターゲットマーカーをカメラ視野の中央に捉えるよう追尾運動をしているはずだ。この間の動作は、管制室では地上局での受信電波の信号強度とドップラーでしか見ることができない。やきもきする時間が過ぎ、予定通り探査機が上昇に転じた。上昇とわかると、管制室は一気に安堵の空気に包まれる。文句なしの大成功だった。

　はやぶさ2から送られてきた低高度での画像に私たちは狂喜した。まず、ターゲットマーカーをきちんと分離できたこと。18万人の名前が刻まれた記念碑を、きちんとリュウグウ表面に設置できたのだ（図版5－3）。

　ターゲットマーカーが落ちた位置は、狙った地点から15メートルほどずれていた。これは着陸精度50メートルと見積もっていたことに比べたら、遥かに良い成績だ。もちろん、15メートルの誤差でも、リュウグウの険しさには太刀打ちできない

図版5–3　リュウグウに到達したターゲットマーカー（図中の白い点）を、高度12メートルにて追尾中の光学航法カメラONC-W1の画像
©JAXA

のではあるが。

そして、一番大きな喜びは、ターゲットマーカー追尾が非常に精確に出来ていたことだった。はやぶさ2は、高度20メートルを維持しながら、ターゲットマーカーの直上を常に維持していた。その挙動は、健気な生き物のようだった。上下左右前後のスラスタをタイミングよく噴射し、白い輝点を常に自身の視野の中心に一生懸命持っていこうとしている。

管制室のモニターに映し出されるその映像を見ながら、運用メンバーは「この動きは凄すぎる！」「これならタッチダウン行けるよ！」「勝ち筋が見えた！」と口々に喜び合った。

＊＊＊

11月23日、はやぶさ2は合《ごう》運用に突入した。３・６億キロメートルを隔てる地球とはやぶさ2の中間に巨大な太陽が割って入るため、「合」と呼ばれるこの期間は、通信が細くなる。しばしのお別れだ。

リュウグウ到着時も活躍した軌道制御のプロ集団、光学誘導航法チームが再び招集された。イタリア女性のプロジェクト研究員のステファニアが設計した芸術的な軌道にはやぶさ2を乗せた。一旦リュウグウから１１０キロメートルほど離れ、１カ月後に再びホームポジションに戻ってくる自由帰還軌道だ。

そして、この合期間が、我々の頭脳が試される熟考のときであった。


それでも着陸はできない……


はやぶさ2のターゲットマーカー追尾の様子の映像はちょっとした反響を呼んだ。12月にLSS会議以来4カ月ぶりに日本へ集まったはやぶさ2の海外メンバーは、その映像に拍手喝采を浴びせた。照井が講演したとある国際学会では、途中で講演を中断しなければならないほど大きなどよめきと拍手が起きた。

しかし、私たちはまだ答えにたどり着いていなかった。実は、もともとはやぶさ2に備わっていた「ピンポイントタッチダウン方式」は、着陸目標点周辺は広く安全という前提で設計されていた。つまり「できるだけ目標点近くに降りる」設計だった。しかし、今やるべきは「目標点以外に降りてはいけない」設計だ。

課題は3つあった。①ターゲットマーカーが落ちた近くに安全な着陸場所はあるのか。②落ちているターゲットマーカーを、上空から降下していくはやぶさ2はきちんと見つけることができるのか。そして、③見つけた後それを目印に、安全な着陸場所に高精度で着陸することがそもそもできるのか。プロジェクトのサイエンスチームと工学チームが、総力を挙げてこの課題に取り組んだ。

ＴＤ１-Ｒ３運用で落としたターゲットマーカーの周辺の安全な場所の探索が始まった。惑星科学の専門家たちが取り組んだのは、写真に写っている石をひとつずつ測る、というなんとも原始的な作業だった。近畿大の道上《みちかみ》達広《たつひろ》は、石の大きさを写真に定規をあてて測った。東大の諸田智克《ともかつ》は、石が地面に落とす影の長さを測ることで石の高さを算出した。彼らはこの作業で1万以上の石を測り、真の「無」の境地を悟ったそうだ。

こうして得られた石の分布は、会津大の平田成と神戸大の平田直行が地形モデルに反映。それをもとにＪＡＸＡの菊地が着陸安全性マップを描いた。許される石の高さは70センチメートル以下。それより高いと、はやぶさ2が着陸したときにサンプラーホーンより先に本体の底面に石が当たり、探査機は破損してしまう。ようやく私たちが見つけた安全地帯は、ターゲットマーカーから4メートル離れた地点に、直径6メートルにわたって広がるＬ08-Ｅ1と呼ばれるエリアだった。直径6メートルということは、許される着陸誤差は3メートルだ。吐き気を感じるほど狭い領域だった（図版5-4）。思ったことをすぐ言葉にする佐伯は「6メートル？　オエ～」と吐き真似をした。私は、Ｌ08-Ｅ1の風景が頭にこびりつき、その地形に囲まれて立ち尽くす寝覚めの悪い夢まで見た。一つでも候補地が見つかった、それだけが幸いだった。

一方、工学チームでは、落ちているターゲットマーカーをはやぶさ2が如何に間違わずに見つけるかの検討が行われていた。見間違うと、はやぶさ2は偽の目印を信じて、その近くに着陸してしまうから、そんなことにならないことを保証することが絶対的に必要だった。

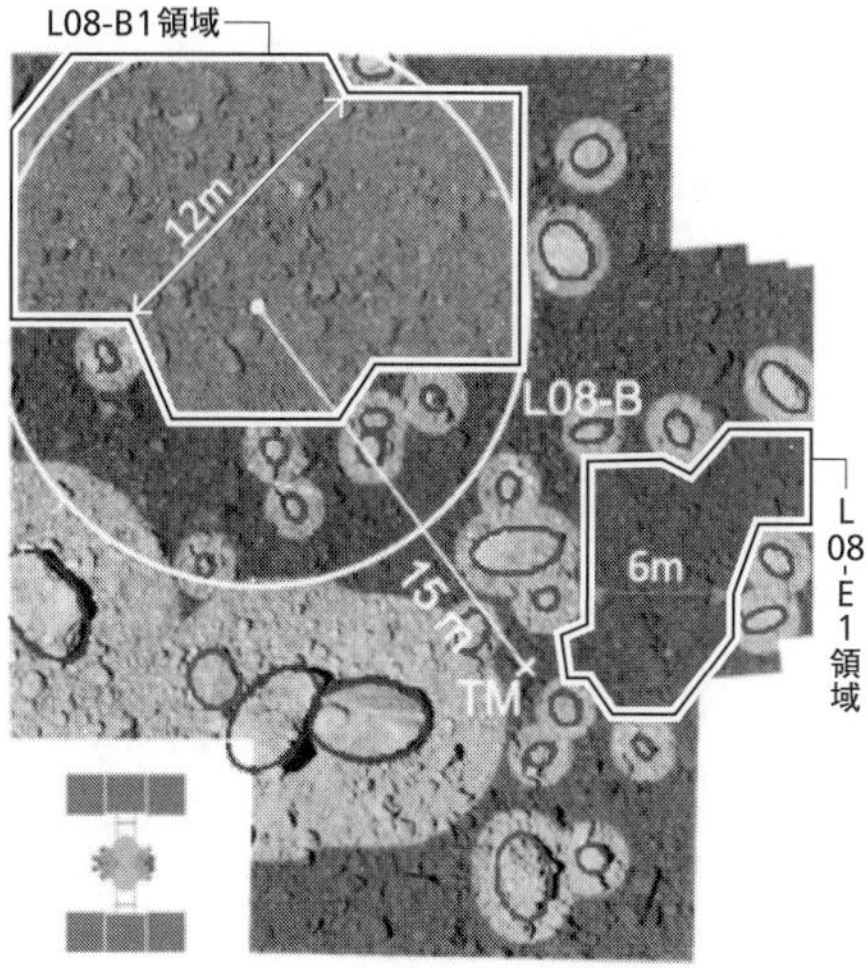

図版5–4　着陸目標点L08–E1周辺の地形と石の分布。「TM」がターゲットマーカーの位置。楕円は危険と識別された大きな岩　©JAXA

　そのためにまず重要なのは、ターゲットマーカーの上空に如何に正確に誘導するかだ。はやぶさ2は高度45メートルに到達したときに初めて光学航法カメラ（ONC－W1）の目を開き、ターゲットマーカーを探す。だから、目を開いた瞬間ターゲットマーカーが視野に入っていなければならない。低高度にそんな高い精度で誘導できるのか。その問題に取り組んだのはＡＯＣＳチームの大野剛だった。はやぶさ2の12個のスラスタはそれぞれ癖がある。その癖を考慮して、誤差が乗りにくい降下軌道を作った。ＡＯＣＳのボスの照井と議論を戦わせながら、綿密で高精度な降下軌道が完成していった。

ＡＯＣＳの尾川順子は超がつくほど注意深い女性だった。かつて彼女は、画像の写り具合から、１００万画素の画像のたった1ピクセルの誤差を発見し、探査機のソフトウェアバグの解決に繋げたこともあった。その尾川は、ターゲットマーカーがＯＮＣ－Ｗ1カメラにどのように写るかを丹念に調べた。ターゲットマーカーは、はやぶさ2からフラッシュ光を照らすことで明るく光る。着陸地点周辺の景色をくまなく調べ、自然の石とターゲットマーカーを誤認しないよう、露光時間などの撮影条件を絞り込んだ。

こうして、はやぶさ2を低高度に正確に導き、搭載カメラＯＮＣ－Ｗ1で確実にターゲットマーカーを見つけさせる目処がついた。

ターゲットマーカーを見つけた後、どのように着陸に持ち込むか。ここの検討に私たちは一番苦労した。ＮＥＣに3つのアイディアを提示し、その実現性を見てもらっていた。

会議は、あらゆるタイミングで行われた。私はあるときは、空港の電話ボックスで、チンアナゴのように細長い格好を保ちながら、パソコン片手にＮＥＣとテレコン（電話会議）をした。菊地は出張の移動中に、緊急のリモート会議に参加するために歌う目的ではなくカラオケボックスに駆け込んだりもした。

暮れも押し迫った２０１８年12月27日、ＮＥＣから検討結果が報告された。「検討していた3つの方式はいずれも成立しない」という答えだった。崖から突き落とされたようなショッキングな報告だった。私たちは再び追い詰められた。特に問題なのは、着陸の最終プロセスだった。高度45メートル以下で、はやぶさ2はＬＲＦの4本のレーザーを放射状に下方に照射して、高度を計測するとともに、地形に対する探査機の傾きを計測することになっていた。しかし、リュウグウの凹凸が激しいために、ＬＲＦが地形に敏感に反応し過ぎて姿勢が乱れ、着陸精度が確保できないのだった。

悪知恵で光明を見出す

あとは年明けに考えよう、と結論し会議は散会したが、皆の落胆は深かった。同時に、居ても立ってもいられなかった。

仕事納めの12月28日、私は朝からはやぶさ2のソフトウェアの技術資料を一から読み漁った。どこかにヒントはないか。どこかに見落としている機能はないか。

夕方、資料のあるページが目に留まった。それはＬＲＦのパラメータの設定法についての記述なのだが、それを悪用することを私は思いついたのだ。ＬＲＦを騙《だま》して、ある瞬間地形の凹凸を〝完全無視〟にしてしまえば、精度よく着陸できるのではないだろうか——悪知恵も悪知恵、ハッキングのようなアイディアだった。

考えをまとめて、すぐＮＥＣにメールを送った。すると、年の瀬とは思えない超速で、ＮＥＣのＡＯＣＳ担当の権田仁《ひとし》から返事があった。「それはできる可能性あるかもしれません。年明けにすぐ確認してみます。」なんとか答えを見つけねば、という思いは彼らも一緒だった。

後日聞いたところだと、ＮＥＣの主要メンバーは職場に残っていて、私のこのアイディアはすぐ議論されたのだそうだ。そしてすぐに、検証のシミュレーションに取り掛かり、芽があることを確認して年を越したのだとか。そうとは知らないＪＡＸＡメンバーは絶望の年越しを、ＮＥＣは希望の年越しを過ごしたのだった。

「実現可能」——２０１９年1月7日、ＮＥＣからそう回答が返ってきた。私のアイディアは粗いものだったから、ＪＡＸＡのＡＯＣＳメンバーも総出でこの新方式を吟味した。あらゆる面から、穴がないことが確認された。

1月から2月にかけて、最後の仕上げに取り掛かった。〝几帳面の二大巨頭〟、尾川と竹内は、画像からレンズの歪みに誤差があることを発見し、着陸精度の15センチメートル向上に繋げた。ＬＳＳ解析の鬼の菊地と、石数えで悟りの境地を開いた諸田は、画像と地形モデルを照らし合わせて、50センチメートルの精度向上策を見出した。実行したシミュレーションの回数は数百万回に上る。ＡＯＣＳの照井、大野、三桝、それにアストロダイナミクスサイエンスチームの池田人は、リュウグウ赤道の尾根の質量集中によって軌道が曲がる効果まで考慮して降下軌道に細工を施した。吉川健人はサンプラーホーンが地表に接地しているたった数秒間の探査機の運動を、ミリ秒単位で丹念に解析し、安全を確かめた。象牙細工のような精巧なシーケンスを、手違いがあっても万が一にも墜落しないよう緊急対処手順で補強し、象の体のように頑強なものに仕上げたのは佐伯、武井らシステムメンバーだった。こうしてタッチダウンシーケンスが完成した。

2月12日、ＪＡＸＡとＮＥＣの合同レビュー会が行われた。ここで、事前シミュレーション、完成した手順、着陸精度、緊急対処設定が報告された。ＮＥＣのシステム統括の益田哲也は「……以上のように、アクションアイテムはすべて閉じました。問題点は見出されていません。手順の準備もすべて整っています。以上から、ＮＥＣとしてもタッチダウン実行は可能と判断します。」報告が終わり、会議室は静まり返った。誰からも指摘が出ない。

「成り立っちゃいましたね。」つと、そんな言葉が私の口をついて出た。

皆から、疲労と充実感がないまぜになった笑顔が返ってきた。「よし、これでいきましょう」「これでだめなら知らんがな。」緊張感で凜とひきしまった皆の表情に、自信の光が垣間見えた。


あの時の訓練がこんな形で役に立つとは！


２０１９年2月21日、いよいよその日が来た。私は、クリティカル運用前の常として、近所の小さな神社にお参りを済ませ、管制室に入った。勝負の時であった。

午前6時半、降下準備は順調に進んでいた。探査機は現在、高度20キロメートルのホームポジションに滞空しているが、あと1時間半ほどで、タッチダウンに向けた降下を開始する。

図版5–5　タッチダウン5時間遅れを模索中の管制室　©ISAS/JAXA

タッチダウンのためのプログラムは、すべて探査機へアップロードが完了していた。あとは「ゲート１」チェックを待つのみだ。

そのとき、異変が起きた。探査機の観測シーケンスを司るコンピュータがエラーを出力している。何故か、搭載カメラがせわしなく観測動作を開始している。

ＡＯＣＳの座席でテレメトリを監視していたＮＥＣの横田一毅は、状況を掴めず、隣に座る尾川順子に「これはなんでしょうね?」と訊いた。いつも技術に几帳面で的確な尾川が「ははは……」と答えたので、これは本当にまずいことが起きている、と思ったそうだ。

管制室は、思わぬ事態に状況を掴もうと、全員が慌ただしく動きはじめた。

「あり得ないことが起きている。とにかく、シーケンスを止めます。」フライトディレクタ（ＦＤ）の佐伯は、はやぶさ2へシーケンス停止コマンドの送信を指示した。

「シーケンスを止めたので、探査機は高度20キロメートルにいて安全です。まず問題の把握、その次に復旧をやります。」佐伯は次々と的確に指示を出していった。

文字通り、緊急事態だった。もはやここで全力を出さないと、先はない。非番のメンバーも招集され、チームの総力で問題を解決する体制が布かれた（図版5―5）。

そのうち、状況がわかってきた。どうやら探査機は、低高度で実行すべき観測をいま始めたのだ。何故そんなことが起きるのか。その答えにたどり着いたのは、はやぶさ2の分身のように探査機のあらゆる機能を熟知している、ＮＥＣの益田だった。「降下シーケンスの初期設定がおかしい。そのために、探査機は今低高度にいると思い込んでしまったのです。」

問題がわかれば、次は復旧だ。佐伯は「原因がわかっても、復旧は時間がかかります。今日はもう、タッチダウンは無理ですよ」と私に耳打ちした。

私は、管制室のバックルームで降下誘導を担当することになっていた山元透の席へ向かった。「予定通りの降下はこの状況だと無理だろう。問題の把握と復旧は、佐伯・益田を中心にたぶんできる。ヤマゲン、遅れて降下をスタートさせた場合の軌道を作ってみてくれないか?」

山元は快諾し、ものの十数分で私の意図を正確に汲み取った降下軌道を作った。それによると、5時間遅れで降下を開始し、予定の2倍の速度で降下すれば、高度6・5キロメートル付近でもとの計画軌道に追いつける。私はその案を携え、チームに方針を提案した。

「探査機はいま安全な状態だ。中止の判断を急ぐ状況にはない。タッチダウンを今日やるとしたら、何ができるかを考えないか。」

佐伯も益田も、頷いた。「5時間後にだめなら、その時は中止ですよ。そうならないよう、やれるだけやってみましょう。」

5時間後という目標を得て、管制室の動きがいっそうきびきびとしたものになった。ホワイトボードに、探査機の設定項目が漏れなく書き出され、それらを元に戻す順序のフローチャートが描かれ、作業が終わったものにチェックが付けられていった。管制室の至るところから、確認のための読み合わせと復唱の声が聞こえた。バックルームでは、5時間遅れの〝高速降下軌道〟をプログラム化し、探査機へ送る準備が進められた。

運用チームの半分は復旧、半分は続行のために動いていた。現場が復旧に集中している間に、私が続行のお膳立てをできたのは、あのＲＩＯ訓練の時に決めた「権限移譲」のおかげだ。管制室内は、多重多層に作業が行われつつも、まるでひとつの人格のよう。このとき私は、芸術作品が出来ていく様を見ている感覚にとらわれた。

私はＮＥＣのプロマネの大島武に、「メーカーとしてこの状況をのめるか？」と尋ねた。保守的なスタンスが期待されているメーカーの長に同意を得ることはとても大事なことだ。大島は、「高速降下は、２０１７年のＲＩＯ訓練で経験済み。降下プログラムの当日書き換えも同じく経験済みですよね。タッチダウン続行に同意しますよ」と言ってくれた。あの時の訓練が、こんな形でも役に立つとは！

12時36分、降下開始の準備を確認する「ゲート1」チェックが行われ、探査機の状態が全て復旧。降下準備が完了したことが確認された。

「ゲート1、オールグリーン確認できたので、降下を開始します。ＦＤよりＰＭ、よろしいですね？」佐伯がインカム越しに確認を求めた。「ＰＭ了解。」私たちはスタート台に戻れたのだ。

13時13分、当初の2倍の速度の秒速90センチメートルで降下を開始。突貫でやった作業だったので、降下中も、入念なチェックが行われた。アドレナリンが出て緊張を保っていた皆に、先は長いので順次休息をとるように指示を出した。

人類の手が新しい星に届いた

降下そのものは、ゲート1前の混乱とはうって変わって、とても平穏に進んだ。シフト明けのメンバーで、験《げん》を担いでかつ丼を食べに行く余裕もあった。17時33分、高度6・5キロメートル付近で、当初の計画軌道に追いつき、降下速度が秒速40センチメートルに落とされた。さあ、ここからはいままで計画してきた通りに探査機を飛ばすだけだ。

19時8分、高度5キロメートルに到達。降下速度が秒速10センチメートルに減速された。ここから先は、降下速度は探査機の自動制御に任せることになる。

翌朝6時10分、「ゲート3」すなわちタッチダウン前の最終のＧｏ／Ｎｏ Ｇｏ判断が行われた。結果はオールグリーン。「あとは探査機に任せましょう。〝Ｇｏ〟でよいと思います。」私はＦＤ佐伯へ伝えた。「ＦＤよりコマンダー。Ｇｏコマンド送信願います。」佐伯はコマンダーの深野佳代に、はやぶさ2を完全自律飛行へ移すコマンドの送信を指示した。

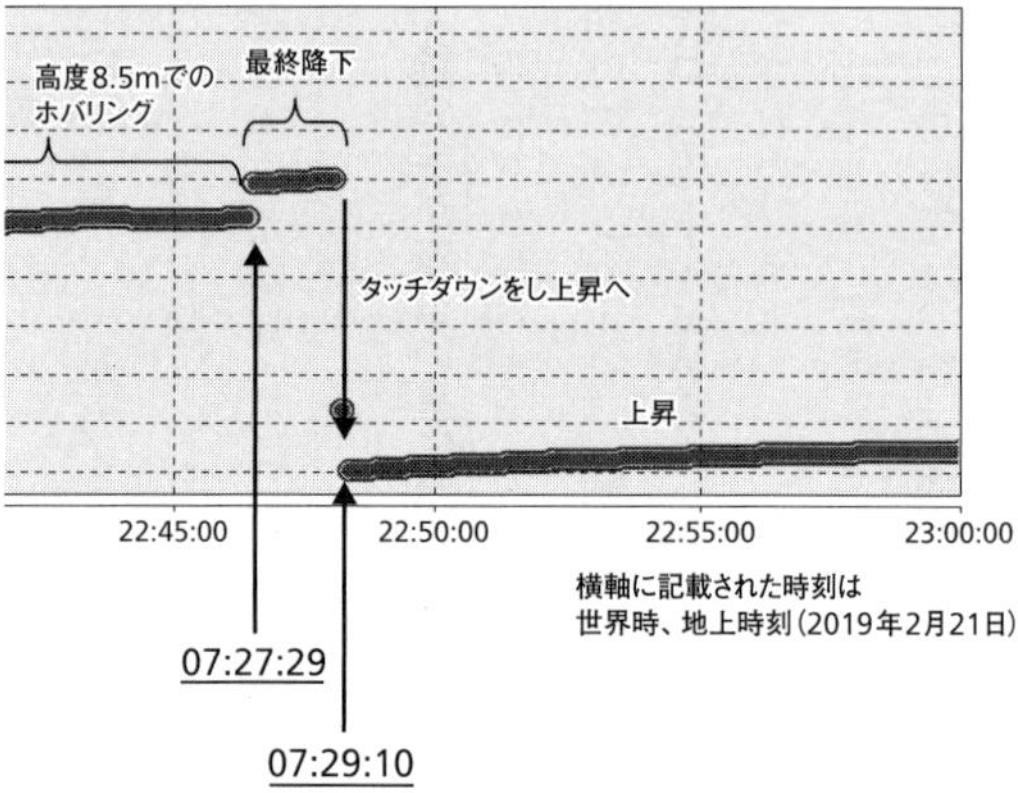

Ｇｏコマンドが届いたときのはやぶさ2の高度はおよそ３００メートル。秒速10センチメートルでの降下を続ける（図版5−6）。7時7分、高度45メートルに到達したはやぶさ2は、無事ターゲットマーカーを捕捉してくれた。捕捉したターゲットマーカーを基点に、入念に仕組まれた複雑な動きを全て完ぺきにこなした。

午前7時29分10秒、はやぶさ2はＬ08−Ｅ1地点にタッチダウンした。

ドップラーが下降から上昇へ転じた瞬間、管制室に歓喜が爆発した。いたるところで、拍手、ガッツポーズ、握手、抱擁、雄たけび、笑顔、そして涙。

私は、はやぶさ2をこの日に導いた渡邊誠一郎、吉川真、佐伯孝尚らと、〝してやったり〟とばかり目くばせし、握手や抱擁を交わした。

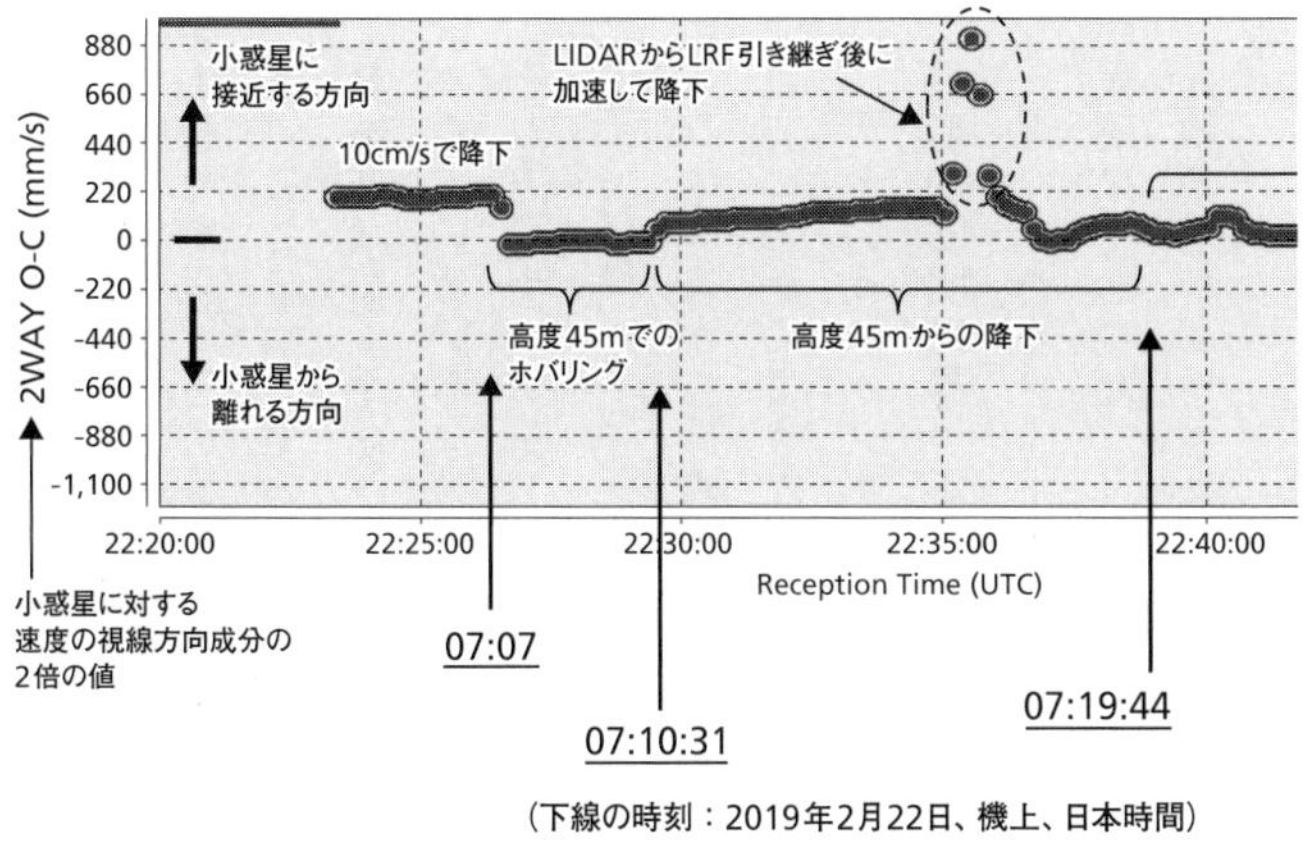

図版5–6　第1回タッチダウン時のドップラー信号　©JAXA

初代はやぶさチームの川口淳一郎と久保田孝は、弾丸発射の証拠をしきりに気にした。はやぶさはタッチダウンしたのに弾丸を発射しておらず、成功から挫折のどん底に突き落とされる経験をしていた。弾丸発射の証拠である火薬の温度上昇のデータが下りてきた瞬間、2人がパッと満面の笑みを浮かべたことが忘れられない。私は川口に「これではやぶさの借りは返しましたよ」と言った。川口は、笑顔の握手で返してくれた。

タッチダウン完了が確認できたので、11時20分に、早くも3室あるサンプルコンテナの第一室（A室）が閉鎖された。これで、L08－E1地点のサンプルが確実に確保された。

管制室の歓喜の輪の片隅に、静かにテレメ

トリを見守り続ける3名がいた。ＪＡＸＡと三菱重工からなる化学推進系（ＲＣＳ）のチームだ。聞けば、初代はやぶさは2回目のタッチダウン後、上昇停止の噴射時に燃料漏洩が発生したから、ＲＣＳチームにとっては祝うのはまだ早いのだそうだ。私はそれを「そんな堅いことを」と笑いながら聞いていたが、内心泣きそうだった。果たして、数時間後の上昇減速噴射完了後に、彼らはＲＣＳチームとしてのタッチダウン成功を笑顔で分かち合った。いろいろな人の、それぞれの想いが、タッチダウンを成功させたのだ。

その後、サンプラーホーンモニターカメラ「ＣＡＭ‐Ｈ」の画像が動画として復元された。そこには、タッチダウンの一部始終が鮮明に写っていた。弾丸発射の瞬間、サンプラーホーンの先端から砂礫が大量に噴出し宙を舞った。まるで成功を乙姫様が紙吹雪で祝ってくれているかのような、劇的な映像だった。その様子から、私たちは着陸地点に「たまてばこ」というニックネームを付けた。

地形が鮮明に写っているため、実際どこに着陸したかを正確に特定できた。その誤差はなんとたった1メートル。3億キロメートル彼方の未踏天体への初着陸として、申し分ない大成果であった。

人類の手が、リュウグウという小さな星へ、最高の形で届いたのだった。

第6章　50年に1度のチャンスを掴み取れ

——小惑星近傍運用・後半戦

新たな闘いへの序曲

3人の紳士が、「スナック乙姫」の控えめに調光された一角のラウンジテーブルを囲んで談笑している。

「さっきは危ないところだった。」

「アンドリューは俺たちの救世主さ。おかげで計画通りことを運べる。」

「まったくだ。」

テーブルの袖で、会話を聞いていた淑女が、甲斐甲斐しく空き瓶を片付けながら口をはさんだ。

「あなたたち、危ないことしたとき、いつも楽しそうね。」

そう、今は「DO-S01」運用の真っ最中。スナック乙姫と名付けられた管制室の向かいにある休憩スペースは、安いスナック菓子とアルコール皆無の飲料が運用メンバー用に山と積まれていた。プロジェクト秘書の小山恵理は、栄養ドリンクの空きビンを片付けながら、いつものように優しさを皮肉のオブラートで包んだ会話を運用メンバーに仕掛けていたところだった。

3人の紳士、すなわち竹内、佐伯、津田は、ついさっきまで管制室でぎりぎりの状態に追い詰められていた。２０１９年3月7日、はやぶさ2が第2回タッチダウンの候補地点の調査のため降下開始した直後、ＤＳＮゴールドストン局のアンテナがトラブルで急遽使えなくなったのだ。アンテナは巨大で複雑精巧な装置だから、こういうことが時よりあるのは仕方がない。しかしそれにしても間が悪かった。

竹内はＤＳＮのマネージャーに国際電話をかけ、事情を説明してなんとか別のアンテナを割り当ててもらうよう懇請した。しかし、ＤＳＮはいつも多くの探査機の追跡を同時に行っていて、代替は見つからない。このような状況では、はやぶさ2はアボートさせるしかない。

第1回タッチダウンの時5時間遅れを乗り越えたが、今回は打つ手がなく、ある意味状況はその時より悪い。竹内は、明晰な英語でＤＳＮへ対案提示を繰り返し、何度却下されても交渉を諦めなかった。

アンドリュー・クルーガーは、ＤＳＮの若きネットワークスケジューラーで、世界中に配置されている12局の巨大な深宇宙アンテナをはやぶさ2に割り当てる担当官だった。ＦＤ佐伯があと5分でアボートを決断せざるを得ないタイミングで、彼から「代替アンテナを確保した。すぐに使えます！　ほかのミッションに事情を説明して、はやぶさ2に譲ってもらいました」と連絡があった。その連絡を受けとった私は、思わずタッチダウン成功の時も出したことのない大声で「来たっ！　よっしゃぁ！」と叫んでしまった。アンドリューのメッセージには、粘り強い交渉をしてくれたことが行間に感じられた。思えば、マスコット運用の時に、よいタイミングで70メートルアンテナを割り当ててくれたのもアンドリューだった。

ＮＡＳＡはこういうときに懐が深い。自分のミッションでなくても、非常に深い部分で、ミッションの重要なポイントを理解し、可能なことは努力を惜しまず力を発揮してくれる。アンドリューと竹内のファインプレーが、首の皮一枚でＤＯ‐Ｓ01運用を救った。

この運用で、はやぶさ2は第2回タッチダウンの候補地点の一つである「Ｓ01」エリア上空22メートルに降下し、着陸地点の調査に成功した。

そう、我々は誰も成し遂げたことのない、同一天体への二度目の着陸へ、布石を打ち始めていたのだ。第1回タッチダウンは、大きな成果だったが、それは初号機の悲願を成し遂げた、という意味合いも強かった。しかし、ここからは先人はいない。人類が成し遂げたことのない未踏領域への挑戦。ＤＯ‐Ｓ01運用はその大いなる序曲であった。

＊＊＊

さらに時を戻そう。「S01」エリアはリュウグウの赤道付近、第1回タッチダウンの地点からは赤道に沿って東へ4分の1周、距離にして800メートルほど離れた地点だ。

S01がタッチダウンに適している——そう導き出したのは、高知大の本田理恵ら光学航法カメラ（ONC）チームだった。彼女らは、リュウグウの地形から効率的に平坦地形を抽出する画像処理手法を編み出し、絨毯爆撃的にリュウグウ全域を探索した結果、S01を見つけ出した。千葉工大の和田浩二は、別の観点からS01が人工クレーターを作る地点としても適していることを見出した。

つまり、私たちはこれから行う人工クレーターづくりの成否によらず、2回目のタッチダウンに進めるために先手を打っていたということだ。S01エリアは、そこに人工クレーターが作れようが作れまいが、タッチダウンが狙える場所なのだ。

驚くべきは、これらの作業がチーム本隊が第1回タッチダウンを成立させるために七転八倒している間に、並行してきちんと進んでいたことだ。この重厚さが、はやぶさ2チームの強さだと言えよう。

＊＊＊

DO-S01運用の直後、ミネルバII-2運用の計画を立案する吉川健人、大木優介、川口淳一郎と私は、米国コロラド州にいた。私の米国での恩師で宇宙航行力学の大家であるコロラド大学ボルダー校のダニエル・シアーズ教授のもとで、ミネルバⅡ-2の運用計画のレビュー会を開催するためだ。

先を読み、先手を打つ。これもはやぶさ2チームがモットーとしてきた行動則だ。ミネルバⅡ-2は実は問題を抱えていたのだが（後述）、人工クレーター作成も第2回タッチダウンも終わっていないこの時期に、チームはその問題を打破する秘策を練るための労力を惜しまなかった。そして、この動きは、半年後にさらなる果実をもたらすことになる。

＊＊＊

3月中旬、米国ヒューストンで開催された月惑星科学会議（ＬＰＳＣ）に、はやぶさ2のサイエンスメンバーが集結した。ＬＰＳＣは、アポロの月着陸を契機に、有人飛行のお膝元のヒューストンで毎年開催されるようになった、月惑星科学の分野で最も大きな国際会議の一つだ。ここで、はやぶさ2とオシリス・レックスの両サンプルリターンミッションの特別セッションが組まれたことが、この会議の目玉だった。

渡邊誠一郎がタッチダウン時の映像と共に成果を発表した時、立ち見が出るほど盛況だった会議の盛り上がりは最高潮に達した。杉田精司はたぬきだった。「大ＮＡＳＡにこんなことできる機会はめったにないから〝祝辞〟を送ってやりますよ」と、はやぶさ2より遅く小惑星「ベヌー」に到着したオシリス・レックスの初期成果発表に先駆者としてのコメントを加えていった。科学的な新概念を形成し、国際的なコンセンサスを得ていくには、ただミッションをうまくやるだけではだめだ。学術的議論の主導権をとるしたたかさも必要だ。サイエンスメンバーは、はやぶさ2の成果を携え、科学の戦場で戦っていた。

＊＊＊

この頃にはリュウグウの素性もだいぶわかってきた。それをもとに、２０１９年の運用計画に修正が加えられた。温度の制約からタッチダウン可能時期は5月末までとされてきたが、ＪＡＸＡ・ＮＥＣの熱解析チームの血のにじむような努力により、7月初旬までに拡大された。

そして4月にはＳＣＩ運用を行う。その後は、ＳＣＩによって作られた人工クレーターへのピンポイントタッチダウンを計画する。今や、第1回タッチダウンで1メートル精度の着陸ができたわけだから、第1回から第2回への技術的飛躍は小さい。第4章の書き方でいうと、狙いは、

A→B→E→F→S→E→F→O

だ（詳細は巻末資料参照）。最後の〝Ｏ〟ミッションは、新たに加えた先述のミネルバII－2軌道周回運用を指す。この順序は、リュウグウ到着前の計画からは隔世の感がある。第1回タッチダウンで難易度の高い技術（Ｅ、Ｆミッション）を実現できたお陰で、随分見通しを立てやすくなった。

このように、第1回タッチダウン後の1カ月は、はやぶさ2にとって雌伏の時であった。人類の未踏領域への挑戦に向けて、多面的に、しずかに、着実に、力を溜めていった。

小惑星に穴を穿て

小惑星近傍フェーズの第三幕が始まった。3月20―22日に、はやぶさ2は高度１・７キロメートルに降下し、人工クレーターを作る予定地点Ｓ01の地形を事前測量した。

そして２０１９年4月4日、人工クレーター作成本番の運用（運用名：ＳＣＩ運用）が開始した。ホームポジションから、丸一日かけてまっすぐＳ01地点へ向けて降下。地上では、高度５００メートルに差し掛かるまでに探査機の健全性が入念にチェックされた。

管制室には、ＳＣＩチームが詰めていた。ＳＣＩ開発をリードした佐伯はフライトディレクタ（ＦＤ）と兼務だ。ＩＨＩエアロスペース・日本工機・ＮＥＣのメンバーが、ＳＣＩ

の健全性をチェックし、Ｇｏサインを送った。

〝Ｇｏ〟コマンドを受信したはやぶさ2は、それ以降完全自律モードへ移行する。４月５日10時56分、高度５００メートルでＳＣＩを分離し、小惑星の裏へまわる全速退避行動へ移った。ＳＣＩの分離から起爆までの時間は「魔の40分」だ。探査機と地球との間の通信は往復40分だから、地上の管制員が異常に気付いても、探査機を救うことはできない。

　全速退避行動は、複数のスラスタ噴射をタイミングよく行うことで実現される。まず小惑星に対して水平方向（横方向）に２つの側面スラスタを使って約20秒噴射。１キロメートルほど横へ移動したところで、先ほどとは逆方向のスラスタを使って逆噴射。横移動を止める。そして分離カメラ（ＤＣＡＭ３）を分離する。ここはまだＳＣＩの爆発の影響を受ける危険な宙域だ。ＤＣＡＭ３はそこに留まって、人工クレーターが作られる様子を撮影する。ＤＣＡＭ３分離後、すぐに今度は探査機上面の４つのスラスタを同時に約20秒噴射し全速で下降を開始する。これははやぶさ2の持てる全力の推力だ。

　ここが最も恐ろしい。最初に行った水平移動横が甘ければ、この下降でリュウグウへ激突することになるし、行き過ぎていれば、リュウグウの陰に隠れるのが遅れ、ＳＣＩの起爆時の破片から逃れられない。

この複雑なシーケンスを作成したのは、ＡＯＣＳの三桝裕也だ。彼はモニターに表示されるスラスタの噴射状態や姿勢系システムのデータを監視し続けた。技術者はいつも自分のやったことに自信を持つ。しかし決して安心はしない。彼にとって、魔の40分間は生きた心地がしなかったに違いない。

起爆予定時刻が来た。佐伯のもとでＳＣＩ開発に携わり、この日管制室の脇に控えていた今村裕志《ひろし》は、ＳＣＩへの愛情余ってヘルメットを被りその時に備えた。余談だが、このヘルメット姿が世界に配信され、３億キロ彼方の爆発に備える日本人の安全意識の高さが評判になった（笑）。

11時36分、ふいに管制室の一角でＤＣＡＭ３チームの澤田弘崇と小川和律《かずのり》が静かにハイタッチをした。ＤＣＡＭ３からのデータをはやぶさ2が受信したのだ。この機器は、打ち上げ後は本番以外一度も電源を入れられない。だからぶっつけ本番できちんと動いたことは、嬉しかったに違いない。ＤＣＡＭ３のテレメトリ正常受信を示す受信カウンタが、澤田と小川の目の前のモニターの中で順調に増えている。このあとのビッグイベントを、ＤＣＡＭ３は捉えてくれるだろうか。

起爆予定時刻を過ぎても、はやぶさ2からは何事もなく健全を示すテレメトリが下りて来ていた。さらに3分待ったが、ＳＣＩ起爆の影響と思われる異常は見られない。——はやぶさ2は、「魔の40分」を乗り切った。管制室では大きな拍手が起こった。危険な時間帯を乗り越えた管制室の緊張は解け、笑顔が広がった。もう探査機は安全だ。

しかし、佐伯の緊張は解けなかった。まだ、ＳＣＩが起爆したという証拠が得られたわけではない。「うわー、よくわからない気分だ。喜んでいいの？　まだ喜べない。」

13時過ぎ、一時席を外していた渡邊が管制室に戻ってきた。「一応、ＤＣＡＭ3の映像にイジェクタ（噴出物）が写っています。」皆の反応を楽しむような目で、とんでもないことを口にした。

管制室はどよめいた。「え？　うそでしょ」「こんなに早く？」そう言いながら、みんな雪崩をうって管制室を出ていき、「運用室」と呼ばれるデータ解析の部屋に向かった。管制室は、運用中とは思えないもぬけの殻状態になった。私は、その状況を注意しようと思ったが出来なかった。なぜなら私の足も運用室に向かってしまっていたからだ。

ＤＣＡＭ3の受信信号を解析しているパソコンに、チームメンバーが群がっている。佐伯が入室すると、人垣が左右に分かれ、そのパソコンまでの道があけられた。「ちゃんと写ってますよ。」人垣の中の一人が声をかけた。

図版6−1　全員で噴出物を確認した瞬間の運用室　©JAXA

「うそでしょ」と言いながら、その画面を見た佐伯は、一瞬で涙目になった。そこには、リュウグウ表面から放射状に高く広がるイジェクタが映っていた。見まごうことのない、インパクトの決定的瞬間だ。「凄い！　本当にできちゃった！」その佐伯の喜びように、みんなが再び拍手を送った（図版6−1）。

　神戸大のクレーターの専門家の荒川政彦は頭を抱えながら興奮していた。ＤＣＡＭ３の画像から見えるインパクトの反応は大きすぎる。リュウグウの地質、ＳＣＩの衝突エネルギーから荒川が予測した人工クレーターより随分大きな穴ができたようだった。「僕の30年間の研究はすべて間違っていた。こんなに大きなクレーターができるとは！」そう言って嬉しそうに笑った。新しい事象を目の当たりにした科学者の純粋な喜びが発した言葉だった。

小惑星の裏へ逃げ込んだはやぶさ2は、２週間かけて再びホームポジションに戻った。そして間をおかず、４月23―25日に再びＳ01地点へ降下を開始した。今度は、人工クレーターを作った後の地形を測量するためだ。

高度１・７キロメートルに到達したはやぶさ2は、姿勢を前後左右に振りながら、ＳＣＩの狙った地点を中心に半径２００メートルの領域をくまなく撮像した。その画像が監視室に順番に送られてくる。

管制室のＰＭ席に座りながら私はやきもきしていた。本当にクレーターは出来ているだろうか。ＤＣＡＭ3の画像から、ＳＣＩが当たったことは確かだ。しかし当たった結果どのようなクレーターがどこにできたのかを確認するまでは、完全勝利とは言えなかった。

その時、バックルームで画像を確認しているメンバーが急に「わっ」と叫んだ気がした。

「クレーターは見えたかー！」私は席から腰を浮かし尋ねた。「丸見えですよ！」上気した声が返ってきた。

そこには大きな生まれたてのクレーターが映っていた。場所はＳ01の北方20メートル。深さもかなりありそうだ。硬そうな大岩に阻まれて、クレーターは完全な真円にはならず半月形をしていた。後に分かったことだが、クレーターの直径は14・5メートル、深さは2・7メートルにもなっていたのだった。

「ここに降りたいなあ……」

クレーター中心を指し、照井が呟いた。運用メンバーは一様に押し黙り、鋭い眼差しで深く頷いた。

クレーター生成の過程、生成したクレーターの詳細地形のデータがすべて手に入った。かつてNASAのディープインパクトという探査機が彗星にクレーターを作ることを試みたが、それよりもはるかに明快に、クレーターの生成過程とその前後の状況を明らかにできる成果だった。これだけ完璧なクレーター生成プロセスのデータを丸々セットで獲得したのは、世界に誇れる成果であった。

たこせんべいのように

人工クレーター作成の成功を受け、プロジェクトは第2回タッチダウン実現に向けた活動を開始した。本当に第2回を決行できるかについては、雲行きは怪しかった。

まず、第1回のタッチダウンのとき、探査機の底面に搭載されているカメラやLRFなどのセンサーが、弾丸発射時の砂塵で汚れてしまっていた。たとえばタッチダウン時にターゲットマーカー追尾に使うカメラONC－W1は、レンズに砂が付着して光量が6割程度に落ちてしまった。この状態で、第1回と同じ信頼性でタッチダウンできるのだろうか。

また、一番大きなネックは、そもそもの第2回タッチダウン実施の是非だった。第1回タッチダウンは大成功だった。はやぶさ2の体内には、その時の貴重な星のかけらが入っているに違いない。今やとんでもなく資産価値が上がったはやぶさ2に、さらに危険を冒して第2回を実施させるべきだろうか。

この議論が起こることは、はやぶさ2チームは予期していた。だから、打ち上げ前からじっくり入念に議論を重ねてきた。「第2回タッチダウンは、我々自身が探査機を失わないという判断が妥協なしにできる場合に限って実施しよう。しかし、その判断ができるように全力を尽くそう。」それがプロジェクト方針だった。しかし、特に宇宙研のマネジメント層からの逆風は思ったより強かった。第2回は考える必要なし。60点でいいからもう地球に帰ってこい、というわけだ。これだけ成功を重ねてもブレーキがかかるのであれば、一体何をやっていればよかったのか。

はやぶさ2チームは、そういった周囲の空気を敏感に感じ取っていた。説得力のある打開策を必死で探した。

ＪＡＸＡの工学チームとＮＥＣのチームは、メンバー総出で、砂の付着したことでの性能の低下を補うタッチダウン方式を捻り出そうとした。

中には無駄骨になったアイディアもあった。たとえば、ＡＯＣＳの大野は「僕はどうしても2回目のタッチダウンがやりたいんです」と言って、感度が落ちたＬＲＦを使わない「にんじんぶらぶら方式」と名付けた新タッチダウン方式を密かに検討し、一人で探査機シミュレータを使った大掛かりシミュレーションまで回して、実現性を証明してみせた。

また私は私で、すべてが却下された場合の奥の手として「タッチダウン・エアー」を提案していた。タッチダウンで一番恐れるべきは、小惑星への接地時だ。つまり、接地をせずに弾丸を高度1メートルのような超低空で発射してしまえばよい。初号機は弾丸発射なしでも星のかけらを採取できた。この方法でも、いくらかはサンプラーホーンに入るだろう。タッチダウン（接地）とエアー（空中）は矛盾しているが、起死回生の案だと思った。

「それはタッチダウンと言えるのか？」とチーム内ではあまり評判が良くなかったが。

技術者としての私は、〝絶対に第2回をやりたい〟気持ちだったが、プロジェクトマネージャーとしては葛藤があった。経営視点でいえば、第2回をやるべきでないという意見は十分理解できた。いずれにせよ、まずは「第2回タッチダウンは実行可能」という状態を作らなければ話にならない。その上で、プロジェクトの意志を通すのが私の仕事だったが、プロジェクトメンバーからの期待と上層部からのプレッシャーに挟まれ、たこせんべいのように押し潰されそうだった。

＊＊＊

他方で、チーム内では、第2回タッチダウンの着陸目標点の選定が進んでいた。目標は地下物質の採取だ。小惑星は太陽系の化石と呼ばれるが、その表面は太陽の紫外線や宇宙放射線に晒されて変質している。太古の太陽系の情報を本当に新鮮な状態で保持しているのは地下だ。だから、小惑星の地下物質の科学的価値は計り知れない。

地下物質を採取するためには、人工クレーターの中心めがけてタッチダウンするのが一番良いわけだが、地形が危険でそれはできそうになかった。幸い、ＤＣＡＭ３の映像に大量の噴出物が写っていた。つまり、クレーターの周囲には大量の地下物質が降り積もっているはずだ。

この堆積物、詳細な画像分析の結果、クレーターの北側にたくさん積もり、南側には殆

SCIにより作られた人工クレーター

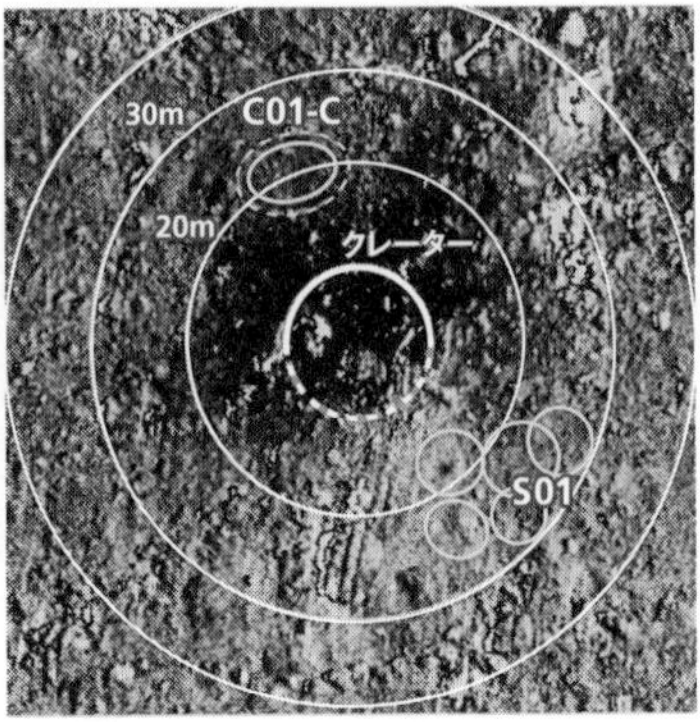

黒い部分がイジェクタが厚く堆積しているエリア

図版6–2　人工クレーター作成時のイジェクタ（噴出物）の堆積状況

©JAXA、東大など（左）、©JAXA、高知大など（右）

ど積もっていないことがわかった（図版6－2）。どうやらクレーター中心近くにある大きな岩が邪魔をして、このような飛散の偏りができたらしい。

プロジェクトチーム内では、理工合同の着陸点選定会議が幾度となく開かれ、タッチダウン候補地点の絞り込みが行われた。第1回タッチダウンで直径6メートルエリアへ狙って着陸できたことは物凄く大きかった。ピンポイント技術自体は第1回で確立した（第4章の書き方で言うと、DミッションをすっとばしてひとっとびにFミッションを実現できた！）と言えるから、人工クレーター周辺に同じくらいの広さの平坦地形を探すだけでよかった。そのようにして直径6メートル以上の広さの着陸候補地点を探すとなんと今回は11カ所も見つかった。

その中から、理工両観点の深い議論の末、クレーター北方の凹凸の激しいＣ01エリアと、南方の非常に平坦なＳ01エリアの2つに絞られた。地下物質を採るという観点では、Ｃ01がよいことは衆目の一致するところだった。しかし、安全に着陸することを優先するとＳ01が断然よい。以前実施したＤＯ-Ｓ01運用で、Ｓ01エリアの地形がよくわかっていることも安心材料だった。

資産価値の上がっているはやぶさ2を危険に晒すわけにはいかない。高望みはしてはいけない。Ｓ01にも地下物質はゼロではなかろう。

「Ｓ01でやむなし」――それが着陸点選定会議の結論だった。渡邊はじめ、科学成果に貪欲なサイエンスチームもその意見に与した。

4月29日の会議で、ＳＣＩにより人工クレーターを作り、プロジェクトエンジニアとして工学チームを引っ張ってきた佐伯がその結論に噛みついた。「こんなチャンス、もう数十年は来ない。これは千載一遇のチャンスです。これを見逃すのは人類の宇宙科学の損失だし、我々にとっても一生に一回あるかないかのチャンスです。本当にそんな中途半端な地点を選択していいのですか？　自分は明らかに地下物質があるとわかっているＣ01を狙うべきだと思います。」

普段は慎重な佐伯がきっぱりと言ったのは驚きだったが、本心はみんな佐伯と同じ気持ちだった。しかし、はやぶさ2には地球帰還という大きな使命がある。理性が、S01選択でやむなし、と言っていた。

私はというと——パズルを埋めるピースがあと1つ足りないと考えていた。このチームのC01へ行く希望を叶えたい。しかし現時点では佐伯には悪いがS01を選ぶべきだ。でもC01が完全否定されたわけではない。ただS01の方がより安全そうというだけだ。議論をひっくり返す〝好材料〟がどこかから降って湧いてこないものだろうか。まだタッチダウン本番まで2カ月ある。全くの勘だが、私はその1ピースが、待てば手に入る気がしていた。こういう時はどしっと構えて「待ち」の一手だ。そう心に決め、S01を第2回着陸目標点とすることをプロジェクト決定とした。

なぜそこまで2回目の着陸にこだわったか

そもそも、私たちはやぶさ2プロジェクトがなぜタッチダウンの2回目にこだわったかを、ここで整理しておこう。表面的な理由は、プロジェクト目標に（できればやるエクストラサクセスとして）地下物質の採取を当初から決めていたからだ。当初計画通り進んでいるのだから、それを変える理由がない。しかし、私たちはそれよりも強く深い思いを持っていた。科学的には、月以外の天体の物質を複数地点から採取し持ち帰ることは、人類は実現したことがない。同じ天体の2地点以上の物質を比較できることの科学的な価値は、たった1地点から持ち帰ることよりはるかに高い。また、人類は未だかつて月以外の天体の地下物質を採取し持ち帰ったこともない。「2地点」と「地下」は科学者にとって夢にしか見たことのない至高の領域だった。

工学的には、天体着陸が複数回できる探査システムなど、人類は実現したことがない。それをいま、無傷のはやぶさ2が実現できる状況にある。このようなチャンスはもう何十年も来ないだろう。ただでさえ数少ない日本の宇宙科学ミッションの中で、何十年分も技術レベルを進化させられる、またとないチャンスを迎えている。この機を逃したくなかった。

逆に、複数回着陸を実現するシステムとして開発し、技術的に成立の目処を得ているのにもかかわらず、技術的ではない根拠で第2回目を断念したら、日本は二度とこの手のチャレンジが出来なくなるに違いない。技術的目処が頓挫したら諦めるのは仕方ない。しかし、諦めるにしてもふわっとした不安を理由にするのではなく、飽くまでも技術的判断に徹したかった。そうでないと、今回のようなチャレンジの局面で、いつも前に踏み出せず、逃げ癖がつくだろう。極端に言えば、それは工学という学術分野への背信のようにも思えた。それほど、宇宙科学の今後の行く末を問われる問題なのだと、私たちは考えていた。

もう一つの視点は、ライバルのＮＡＳＡオシリス・レックスとの関係だ。彼らも着陸を成功させるだろう。その結果、１００グラム超のサンプルを採取する。もともと、はやぶさ2はサンプル量で勝負するつもりはなかったが、さりとて「オシリス・レックスと同等の1回の着陸を成功させ、たかだか0・1グラムのサンプルを採取したはやぶさ2」という事実だけが人類の記憶に残る。後世の歴史家は、悪気なく「２０１９年前後に小天体探査の科学史を前進させたのは米国だけだ」と言うかもしれない。科学はシビアな世界なのだ。オシリス・レックスは「2地点」サンプルや「地下」物質採取は行わない。はやぶさ2がそれらを実現できれば、何十年も破られない記録となるはずだ。「2点・地下」が「1点・地表」と比べて技術レベルに雲泥の差があることは、技術を解する者なら直ちにわかることだ。私たちは、日本の宇宙科学の技術レベルの確かな証をつくりたかったのだ。

「この決断には科学史的な意味がある。」この当時、私は渡邊誠一郎はじめ多くのチームメンバーとその種の会話を交わした。――だから、退《ひ》くにしても進むにしても、科学的な判断に徹したい。経営判断に先行されてたまるか、というのが我々の思いだった。

そんな私たちの思いとは裏腹に、組織から承認を得ることは難航した。現場の士気は高い。技術的なお膳立ても整いつつある。しかし一歩現場から身を引いて見ると、マネジメント上のハードルは依然として高かった。宇宙研の上層部は余計なリスクをとるべきでないという姿勢を一歩も崩さなかった。第２回タッチダウン実現に邁進する私の感覚がおかしいのだろうか。やぶへびになるかもしれないが藁にもすがる思いで、プロジェクト外の様々な方の意見を聞くことにした。ＪＡＸＡのシニアの方からは、

「はやぶさ２は当初から最大３回のタッチダウンをやることを宣言していた。その通り作り、その通り飛ばし、成功を収めている。だから、２回目のタッチダウンをやるという決断は、まったく問題ないよ。やらなくても問題ないけれどね。つまり君たち次第だよ。冷静に判断しなさい。」

宇宙研を退官したシニアの先生からは、

「宇宙研らしさとは何だろう。技術を積み上げてここまで来たのだから、最後まで科学的に決断してほしい。ここで科学的判断を曲げたら、宇宙研は金輪際挑戦できなくなるよ。」

「日本の宇宙科学の規模は小さなものだ。60点なんぞで満足していたら、あっという間に世界に後れをとるよ。挑戦しないことのリスクも考えてほしい。行うべき挑戦をきちんとやってみせることが宇宙研にとって価値があるのではないか。」

強く反対されることを恐れていたが、「プロジェクトが筋を通せ」という意見が強かったことに私は少し自信がついた。

一般の方々にとったアンケートからは、期待の大きさをひしひしと感じた。みんな、はやぶさ2を応援し、心配してくれている。「第1回のかけらが大切だから第2回はいらない」「もう十分頑張ったから帰ってきていいよ」という意見もあったが、それよりも「第2回をやってほしい」「チームの判断を信頼する」という意見が多かったのは嬉しかった。

マスコミへの相談会を開くということもやってみた。マスコミがプロジェクトへ質問するのが記者会見だが、これはその逆。プロジェクトがマスコミに「第2回タッチダウンをすべきか」を相談する会を開催したのだ。記者さんたちは面食らったと思う。「なんで我々に聞くの?」という顔をしながら、しかし驚くほど親身になって考えてくれた。はやぶさ2の置かれた状況、性能限界、リュウグウの地形など、記者さんがよく理解してくれているのは有難かった。プロジェクトがきちんと決断を示せば、理解は得られるという手応えがあった。

私が親交を持っていた海外のプロマネ級の方々は、折に触れてアドバイスをくれていたが、この時は気を遣ってか、みんな静かだった。たまたま直接お会いした火星探査界のレジェンド、米国コーネル大のスティーヴ・スクワイヤーズは、「1回成功させただけでも君たちはヒーローだ。2回目の成功も是非見たい。でもNASAならやらないぞ。俺もお勧めしない」と言った。これが海外の宇宙探査界の反応を代表しているようだった。私よりはるかに経験の深い方々の意見はずしりと重かったが、一方でここを乗り越えれば、小さな日本の宇宙科学が切り拓ける世界がある、という思いを強くした。

学術界では、特にリュウグウサンプルを最も心待ちにしているはずのサンプル分析の専門家らからの〝挑戦すべし〟の意見は意外でもあり心強くもあった。東北大の中村智樹が「私ははやぶさ2の工学チームを信頼します。第2回タッチダウンを是非やってほしい」とチームを前にして述べたときには鳥肌が立った。

サイエンスチームの総意をとりまとめることに奔走した渡邊が、宇宙研執行部の面々を前に示した結論も迫力があった。「自ら作ったできたてのクレーターを目の前に着陸地点を吟味するようなことを、人類がこの50年や100年のうちに実現するとは全く思っていませんでした。今私たちはそれをやっているのです。この状況を実現した工学メンバーのチーム力、士気の高さは本当に感動的です。そういったものに支えられたディシジョンは信頼するし、サイエンスチームは全面的に支持します。」

色々な方面からの後押しに勇気を得て、はやぶさ2チームは、丹念に、ひとつひとつ、ＪＡＸＡ内のあらゆる層に説得、説明をつづけた。

最後の1ピースが天から降ってきた！

そんななか、またプロジェクトをさらに窮地に陥れる事態が発生した。

アボート発生——5月16日、第2回着陸の下準備としてＳ01エリアへターゲットマーカーを落とすべく降下していたはやぶさ2は、高度50メートルで緊急上昇に転じた。20時間かけてホームポジションから完璧な誘導で降下してきただけに、ショックと徒労感が大きかった。アボートの原因は、またもやＬＩＤＡＲの計測異常だった。相変わらずアボート機能は完璧に作動したため、チームが危険を感じることはなかったが、それでも所期の目的が達せられなかったのは痛かった。これで、第2回タッチダウンへの組織の逆風は強まるだろう。

これは、第2回タッチダウンはだめかもな——正直なところ私はそう思った。チームメンバーは、まだ再挑戦の機会があるから大丈夫だと励ましあっていたが、このタイミングで逆風を助長する材料を与えてしまったのは手痛かった。

自室に戻り、相当に気落ちしながら善後策を考えていた私に、千葉工大の山田学が電話をしてきた。「アボート時にONC-Tが撮影した地形にC01エリアがばっちり写っています。」

私はすぐに運用室へ駆けつけた。運用室には山田の他に本田理恵、杉田精司らONCチームのメンバーが揃っていた。山田は紙に印刷した画像を机に並べた。そこには、C01エリアが今までにない鮮明さで写っていた。

山田が特に私を呼んだのには理由があった。そのC01エリアの一部、直径6メートルほどの広さが平坦に見えたのだ。その画像を見た瞬間、心臓が一拍、ドクンと大きく打った。これは、もしかしてもしかしたのではないか？　待っていた朗報がやってきたのではないか？　すぐにプロジェクトの主要メンバーを呼び出し、写真を見てもらった。

「この地点、平坦に見えないか？　これだけ広ければ、着陸狙えるよね？」

佐伯プロジェクトエンジニア、中澤サブマネージャー、システム担当武井らが頷いた。

地下物質が豊富な、平坦な地点が見つかったのだ。最後の1ピースが天から降ってきた！

それにしても、アボートなのによくこの写真が撮れたものだ。システムチームとONCチームは、アボート時に何をするかについても入念に計画していた。アボートが発生したら、負け惜しみにシャッターを切りまくる設定を入れておいたのだそうだ。

「ONCは転んでもただでは起きませんよ。」

山田、本田、杉田はニヤリと笑った。

この神がかった幸運を無駄にしてはいけない。私の落胆は吹き飛んだ。すぐに写真を着陸安全解析にまわした。この時のプロジェクトチームの動きは疾風のようだった。金曜に依頼した解析は、「そういうことなら！」とばかりに平田成、諸田、道上らの手ですぐ地形解析を経て、菊地の着陸安全性解析にまわされた。そして、週明け月曜には「C01エリアの中のC01-Cb地点に着陸実行可能」の結論が出た。プロジェクトは、着陸点をC01-Cb点とする方針転換を決断した。全プロジェクメンバーに、方針変更が伝達された。

5月28—30日に行った降下運用は、C01-Cb地点にターゲットマーカーを落とすことを目指した。そして、今度はアボートすることなく、見事狙った位置から2・6メートルしか離れていない地点にターゲットマーカーを落とすことに成功した。第１回タッチダウン向けのターゲットマーカー投下の精度が15メートルだったから、これは物凄く良い成績だ。チームの士気はいやが上にも高まった。文句なしに最高の場所、地下物質が豊富な地点へ着陸できる。絶対に実現したい、チーム内が強い気持ちでひとつにまとまっていくのを感じた。

＊＊＊

〝現場〟のタッチダウンシーケンス作りでは、生みの苦しみが続いていた。ＮＥＣとＪＡＸＡの間のやり取りは怒濤のようだった。ＮＥＣの姿勢軌道制御系（ＡＯＣＳ）を開発時からリードしてきた松島幸太は、解釈の違いが絶対に起きないようプログラミング言語のような論理的で非日本語的なメールを矢継ぎ早にＪＡＸＡに浴びせた。ＪＡＸＡで「松島ロボット説」がまことしやかに語られたほどだ。同じくＮＥＣ ＡＯＣＳの保田誠司は、ＪＡＸＡのみならずＮＥＣの同僚からふっかけられる無理難題を全て静かな笑顔で呑み込んで丹念にシミュレーションを行い、着陸手順へと作り上げていった。レンズに付いた砂塵で、センサーの性能の落ちていることの対策として、ターゲットマーカーを捕捉する高度は第１回のときの45メートルから30メートルへ引き下げられた。このように15メートルも引き下げると、ちょっとした間違いで地表へ激突するリスクが上がる。ＮＥＣのシステム担当益田とＪＡＸＡの間では、墜落防止の安全設定のチューニングがぎりぎりまで続いた。ＪＡＸＡもＮＥＣも、文字通り総力戦であった。

やるからには絶対に失敗しないことを示せ――。宇宙研上層部の要求は、突き詰めるとそういうことだった。この、身も細るような要求に耐える私の精神的支柱は、チームの度を越した自己批判精神だった。着陸成立性を評価する会議は何度も開かれた。このチームは本当にタッチダウンしたいのか？と思うほど、いじわるな質問をチーム自身に浴びせた。「ターゲットマーカーと似た石があったらどうするか？」「着陸の寸前にＬＲＦとＬＩＤＡＲが同時に壊れたら何が起きるか？」「さらにその時真下の岩の高さが1メートル以上想定より高かったら？」などなど。他人が見たら潰し合いにしか見えない議論が繰り返され、ひとつひとつこつこつと懸念が潰されていった。

タッチダウン「成功」の反対は「失敗」ではない。「アボート」か「墜落」だ。アボートでは、はやぶさ2の安全は守られるので実は問題ない。再挑戦の余地だってある。しかし墜落は絶対的に避けなければならない。私たちは、「アボート」の確率が上がるという犠牲を払ってでも、絶対に「墜落」が起きないような着陸手順を、何度も何度も見直しながら作り上げた。

6月24日、ＪＡＸＡの組織決定が行われた。プロジェクトが示した、「タッチダウンが不成功になったとしても探査機を喪失する確率は極めて低く管理されている」「第2回タッチダウンへの挑戦の価値は極めて高い」という主張が認められ、7月11日に第2回タッチダウン（運用名ＰＰＴＤ）が実施されることに決した。

成否はプロジェクトチームへ委ねられた。チームが望んだこととはいえ、私は震えが止まらなくなった。

賽は投げられた。さあ、はやぶさ2よ、ついに、君にバトンを渡したぞ。完璧なタッチダウンを決めてくれ……！

太陽系の歴史のかけらを手に入れた！

7月11日、僕はリュウグウ上空２００メートルまで降りていた。僕の下方には一面、黒く険しい大地が広がっているよ。まだ直下に着陸目標点は見えない。相模原の仲間から最後の指令が届いた。完全自律飛行への移行指示、つまり「Ｇｏコマンド」だ。

ここからは、僕独りで着陸を目指さなければならない。大丈夫、相模原の仲間が力を合わせて作ってくれたプログラムに従えばうまくいくはずだ。

　ＬＩＤＡＲは地形の凹凸を精密に反映して、対地高度を測ってくれている。よしよし、計測値は順調に下がっている。

　高度30メートル。一旦止まろう。ここでローゲインアンテナに切り替えだ。相模原のみんな、ここからは対地制御に集中したいから、通信は細くなるけれど我慢してね。

　リュウグウが自転しているため、僕の直下の地表は毎秒10センチメートルで左から右へ流れていく。ターゲットマーカーを照らすため、フラッシュランプを点灯しよう。ターゲットマーカーはこのあたりのはずなんだけど……。

　あった！　予定通りのタイミングだ。これさえ見逃さなければ、僕は正確に着陸できる。慎重にスラスタを噴いて、

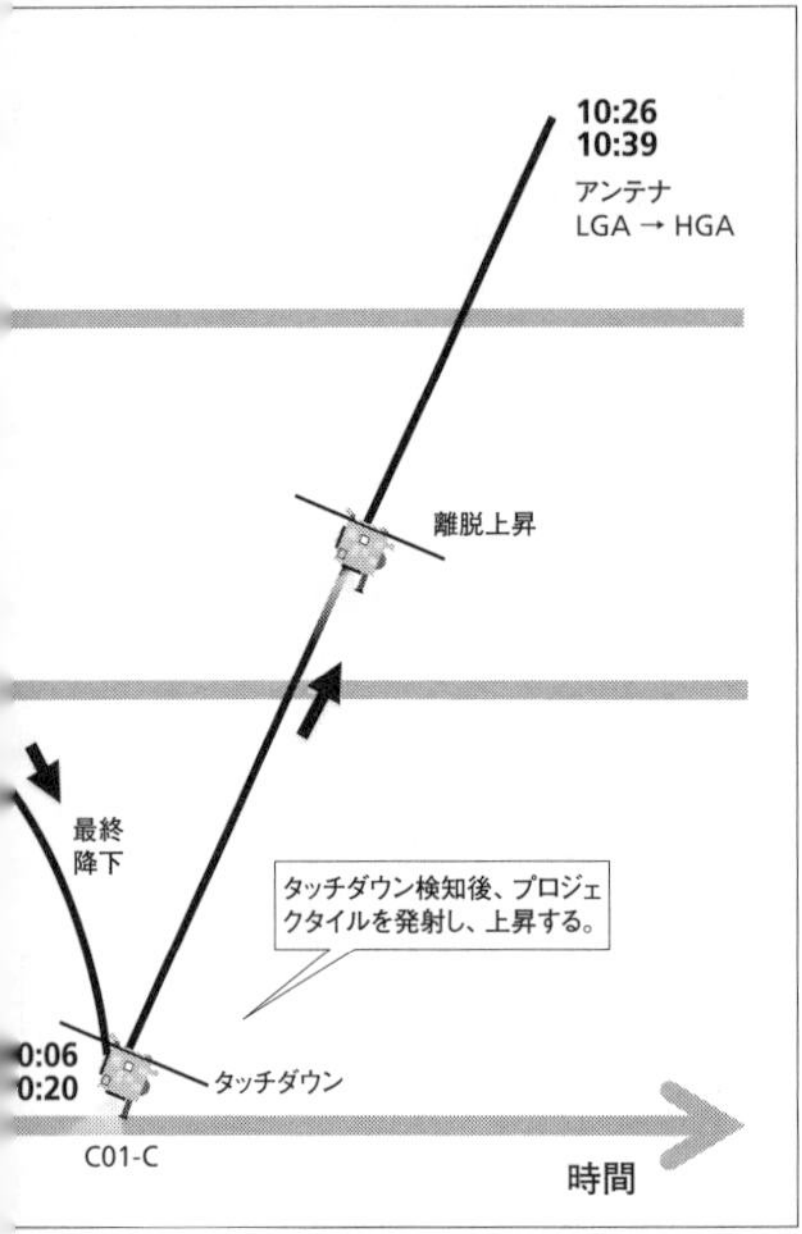

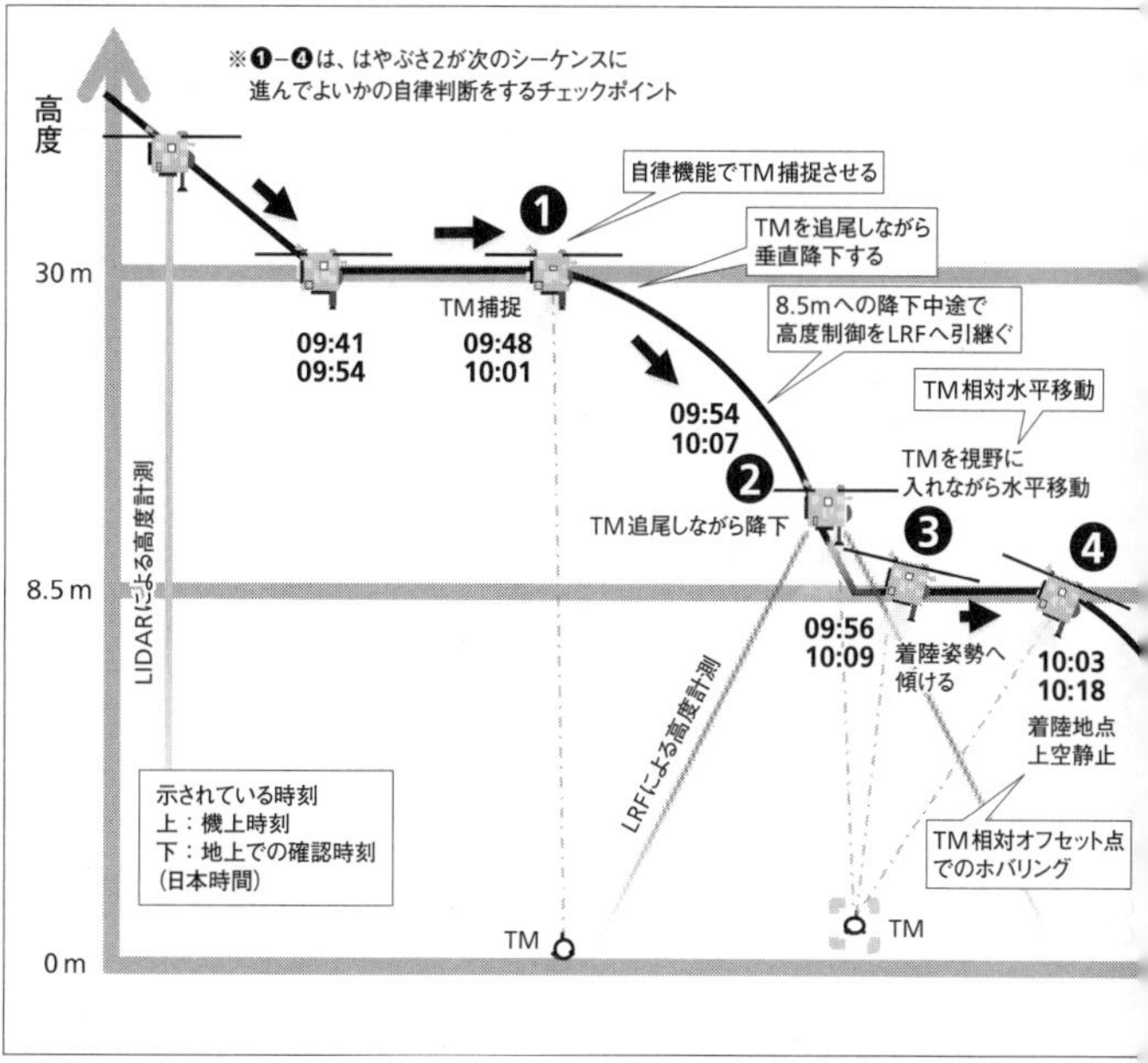

図版6–3　第2回タッチダウンの低高度シーケンス　原図は©JAXA

視野の真ん中に入ってくれ。

——よし、捕まえた。そのまままゆっくり再降下を開始しよう。

20メートルを下回るとLIDARは使えない。しばらく重力に身を任せよう。LRFよ、次は君の出番だ。リュウグウの地表を捉えてくれ。LRFが反応しなかったら僕は墜落だ。でも心配ない。相模原のみんなが作ってくれた二重三重の墜落防止が効いている。信じて自由落下《ダイブ》だ。

よし、LRFが反応し始め

た。高度は17メートル。降下速度を落とそう。ターゲットマーカーはまだ視野の中心にある。高度8・5メートルに到着だ。ここで降下を一旦止めて、ターゲットマーカーを真ん中に見据えつつ、向きをそろりそろりと変えてと。この時点で早くも〝ヒップアップ〟姿勢をとり全体の時間節約に繋げたのは、第1回タッチダウンからの改善点だ。これで着陸態勢は整った。

次は、カニ歩きだ。側面スラスタを少し噴いて、水平に約3メートル動く。ターゲットマーカーが視野の端へずれていく。順調、順調。カニ歩き完了。これで真下に——、ほらあった！　C01-Cb地点が見えている。

落ち着け、4分待とう。深呼吸し十分態勢を整えて、それから最後の自由落下《ダイブ》だ。上方のスラスタを1秒噴射。おっとっと、反動で姿勢が少し揺れた。サンプラーホーンも振り子みたいに揺れている。揺れがおさまるのを待って、タッチダウン検知をONだ。

そっと、まっすぐ。地表はあと2メートル、1メートル、50センチ、10センチ……タッチダウン検知！　弾丸発射！　急速上昇！

相模原のみんな、見てくれていたかい？　僕、C01-Cb地点にタッチダウンしたんだよ。この喜びが伝わるのに、14分もかかるのか。電波の遅さがもどかしい！

着陸痕から噴き出た無数の破砕片が、離翔する僕の周りを花吹雪のようにひらひら回転しながら取り囲み、追い抜いていくよ。これはリュウグウの祝福かな。それともびっくりさせちゃったかな。陽光に煌めく無数のリュウグウの欠片とその向こうに見える銀河の星々に包まれ、守られるように上へ、上へ——高度900メートルに達したころだろうか。そろそろハイゲインアンテナを地球に向けよう。高速通信開始。地球へ送信：

——**僕は正常。手順は全てこなした。弾丸発射口が熱い。**——

タッチダウン成功を伝える3つの合言葉。みんな喜んでくれるかな。

僕の降りた位置は目標点からたった60センチのずれ。みんなと力を合わせたらこんなに正確に着陸出来ちゃった。あ、相模原からサンプルコンテナの閉鎖指令が届いた。僕の成功を相模原の仲間が認めてくれたんだね。これで、サンプルの梱包も完了。

ねえ、地球のみんな、僕、太陽系の歴史のかけらを手に入れたよ。

二重のネックレスをかける

第2回タッチダウン成功は、相模原を、そして日本を歓喜で包んだ。2・4億キロメートル彼方で、誤差60センチメートルという精確さで着陸を成功させたことは、世界を驚愕させた。ＪＡＸＡ内部も、あれだけ心配していた分、天地がひっくり返ったような喜びようだった。

成功当日の記者会見で私が述べた自己採点「１００点中１０００点」は、チームの偽らざる心境だった。苦しみながらも最後まで科学的判断に徹したあとだから、こういう非科学的だが情緒をぴったり言い当てることばのひとつも言ってみたかった。

成功の余韻をプロジェクト外に全部渡して、プロジェクトチーム自身はすぐに小惑星近傍フェーズの集大成にとりかかった。ミネルバII-2をリュウグウへ送り届けたい。それが私たちの最後のミッションになるだろう。

実は、東北大らが製作したミネルバII-2ローバーは、打ち上げ以来調子が悪かった。巡航中の動作テストでは、どうやらローバーのメインコンピュータが作動しない。しかし通信機は動く。この状況で単に着陸させても、得られるものは少ない。

しかし、調子が悪くとも大学チームが手塩にかけて作ったローバーだ。彼らにとっても、10年の歳月、3年超の宇宙飛行を経て、3億キロメートル離れた天体がようやくすぐ手の届くところにたどり着けたのだ。その努力をゼロにはしたくない。なんとかリュウグウに送り届けてあげたかった。

そこで活きたのが、アストロダイナミクス研究会で密かに検討してきた「リュウグウ軌道周回」計画だ。この案はもともと、はやぶさ2本体をリュウグウのまわりに軌道周回させるものであったが、少し工夫を施すことで、ミネルバII-2をぐるぐる回すことにも応用できるはず、という着想だ。通信機が生きているミネルバII-2を周回させれば、重力場の精密計測など、今の状況で最善の成果を期待できた。

作戦はこうだ。まず9月に、2つのターゲットマーカーを使ってリュウグウ周回軌道への投入練習をする。全部で5つあったターゲットマーカーは、2回のタッチダウンで1つずつしか消費しなかったから、残り3つもあった。そのうちの2つを有効活用しようという訳だ。

そうやって軌道投入技術を確かめたあと、満を持してミネルバII-2の軌道投入に踏み切るわけだ。

チームは第2回タッチダウンで、技術的にもマネジメント的にも力を使い果たしていた。その状態で、こういうまったく新しい挑戦をできるのは、長年かけてチームに埋め込んだ「やってみなはれ」精神のお陰だ。

2012年に立ち上げた〝アストロダイナミクス研究会〟で、小惑星軌道周回の技術に当時学生や新人として面白がって乗ってきたメンバーが、この計画の中核として活躍した。主戦力を使い果たした後に、元気な若手戦力を前面に展開した形だ。

２０１９年９月17日、はやぶさ２は、高度１キロメートルで、１つ目のターゲットマーカーを毎秒13センチメートル、二つ目を毎秒12センチメートルの速度で、そっと、精確に、切り離した。母船から離れ自由運動に身を任せた２つのターゲットマーカーは、太陽光を反射してキラキラと輝きながら小惑星の周りを回り始めた。それは乙姫様にかけた二重のネックレスのようだった。２つのターゲットマーカーは約３日間かけてリュウグウの周りを４周ほど周回し、そして地表に落ちた。最後に地表に到達したことも含めて狙

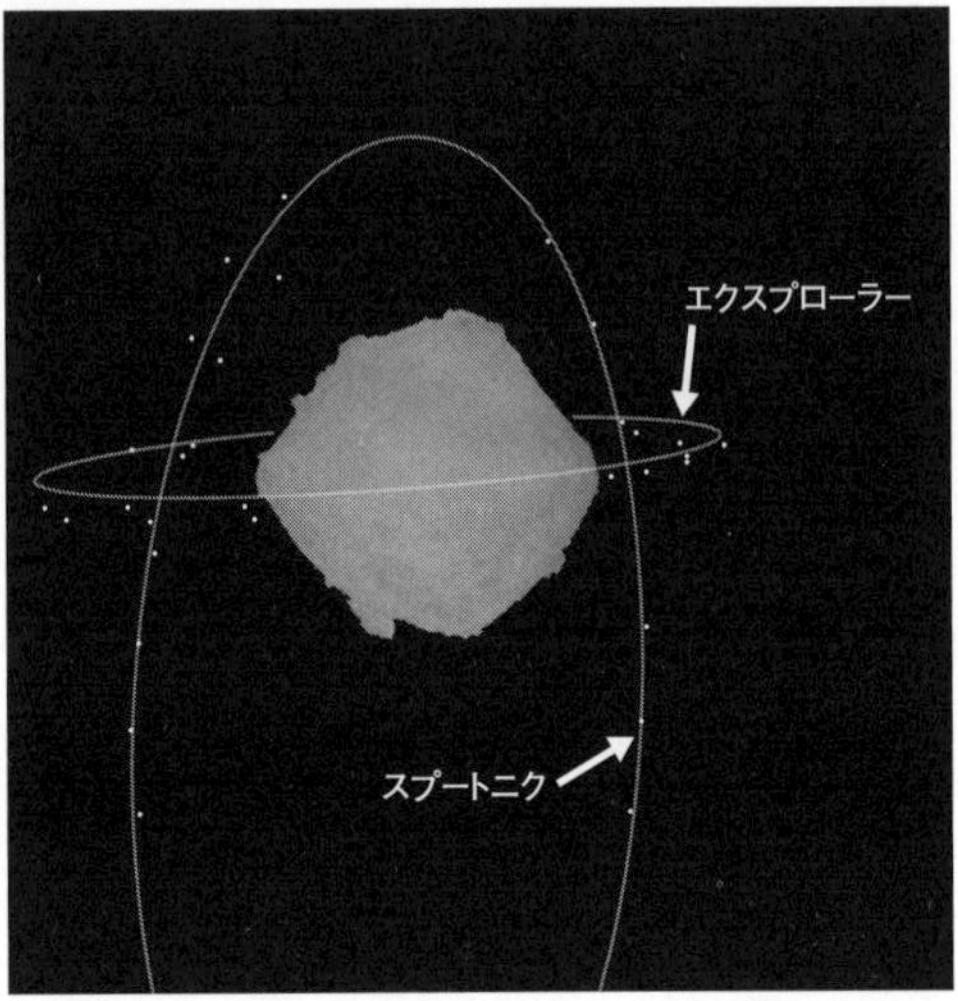

図版6–4　リュウグウを周回する２つのターゲットマーカーの軌跡　筆者作成

い通りだった。宇宙開発の黎明期、地球まわりの周回飛行を実現した2つの偉大な人工衛星にちなんで、極周回軌道に入ったターゲットマーカーを「スプートニク」、赤道軌道に入った方を「エクスプローラ」と名付けた（図版6－4）。

10月3日、同じ作戦で、今度は東北大らのロボット、ミネルバII-2を赤道周回軌道へ投入した。大成功だった。心配されたミネルバII-2からの電波もきちんと受信できた。ミネルバII-2のチームは、地表探査ロボットとして作ったミネルバII-2を、軌道周回させたあと、最後には地表へ着陸させることを望んでいた。果たして、1周と4分の1を周回した後、ミネルバII-2はリュウグウに着陸した。着陸後のミネルバII-2からの電波を、はやぶさ2はしばらく受信していた。ミネルバII-2は自転するリュウグウの地表にいる。その電波を、上空に静止しているはやぶさ2が受信すると、リュウグウの表にいる時は受信できるが、裏に回るとリュウグウ自体に電波が遮られて受信できない。自転に同期した電波の受信・不受信が、地表面到達の確かな証拠だった。こうしてリュウグウをひと回り軌道周回し地表に到達したミネルバII-2は、「ウルラ（ラテン語でフクロウ）」と名付けられた。

2つのターゲットマーカーとミネルバII-2は、いずれもきれいな周回軌道に投入されたが、リュウグウの不均一な重力場で次第に軌道が乱され、それぞれ地面に落ちた。その乱され具合から、リュウグウの重力場が計算できるはずだ。それはひいては、リュウグウの地下構造に示唆を与えるであろう。

災い転じて福となせた。大学チームも喜んでくれたし、我々も予定になかった成果を追加で獲得することができた。

小惑星軌道周回の実現にしがみつき実現できたこと、プロジェクトの余力がなくなることを見越して打っておいた手が完全に奏功したこと、それによって真に〝はやぶさ2はリュウグウで技術的にやれることはやり尽くした〟と言える状態を作れたことが、ことのほか嬉しかった。

こうしてはやぶさ2搭載の4つの着陸ロボットの挑戦は、すべて成功裏に終わった。はやぶさのミネルバ着陸失敗から14年、その失敗を乗り越えて余りある成果だった。

はやぶさ2のリュウグウ探検の旅は、終わりを告げようとしていた。

祭りのあと

2019年11月13日、はやぶさ2はホームポジションを離脱した。秒速10センチメートトルという低速で、リュウグウから離れていく。

実り多きリュウグウ探査だった。工学技術の観点では、7つの世界初を達成した。

（1）小型探査ロボットによる小天体表面の移動探査
（2）複数の探査ロボットの小天体上への投下・展開
（3）天体着陸精度60センチメートルの実現
（4）人工クレーター作成とその過程・前後の詳細観測
（5）同一天体2地点への着陸
（6）地球圏外の天体の地下物質へのアクセス
（7）最小・複数の小天体周回人工衛星の実現

はやぶさ2が設定していた完全成功条件（フルサクセス）に当てはまるのは、1と4（の一部）だけだから、如何に想定を超えた実りがあったかおわかりいただけるだろう。私自身は、工学成果もさることながら、それを実現するチーム作りに成功したことが嬉しかった。

リュウグウに地名もつけた。これができるのも〝一番乗り探査〟の醍醐味だ。ついた地名が面白い。手前味噌だが、私はここにも、はやぶさ2チームのやんちゃなチャレンジ精神と科学への真摯さが表れていると思う。

赤道上にある最も大きなクレーターには「ウラシマクレーター」、南極のエキゾチックな巨岩は「オトヒメ岩塊」、リュウグウの赤道を全周にわたって巨竜のごとく横たわる山は「リュウジン尾根」と名付けた。その他に、「モモタロウクレーター」とそのお腰のあたりにある「キビダンゴクレーター」、仏語でシンデレラを表す「サンドリヨンクレーター」などもある。これらは国際天文学連合（ＩＡＵ）に承認された、人類公式の地名だ。そして公式地名ではないが、はやぶさ2にとって大切な場所にはニックネームをつけた。ミネルバⅡ-1の着陸地点には「トリトニス」、マスコットの着陸地点に「アリスの不思議の国」、第1回タッチダウン地点は「たまてばこ」、第2回タッチダウン地点は「うちでのこづち」、人工クレーターには「おむすびころりんクレーター」などなど。

時には有識者の意見も聞きながら、大真面目な会議を何度も繰り返して命名した地名がこれらだから、はやぶさ2チームの〝探査を嗜む〟雰囲気を感じ取っていただけるだろうか。

人工クレーターの内側には大きな岩が2つある。衝突機の衝撃に耐え、人工クレーターの形を決定づけた面白い岩だ。この岩々には、はやぶさ2の開発に尽力し、リュウグウの姿を見ぬまま急逝された科学者の名前を冠し「イイジマ岩」「オカモト岩」と名付けた。

さて、肝心の科学成果はどうだったか。もちろんのこと、大いに充実している。プロジェクトサイエンティスト渡邊らがまとめた第一号成果論文に始まり、有力科学誌にはやぶさ２が見せた新たな小惑星の世界が続々と掲載された。リュウグウは石どうしが微小重力で緩く結びついたがれきの寄せ集め（専門用語で「ラブルパイル」）であることがわかった。また、コマ型形状から、かつてリュウグウは自転周期３・５時間以下という高速で回転していたことも明らかにした。

北里らは、苦労と粘りの分析が実り、ＮＩＲＳ３の観測データから水の成分を遂に見つけ出した。水の存在を示す２・７ミクロンの波長の吸収信号から、ノイズを丹念に選り分け、リュウグウ表面には含水鉱物の形で水が確実に存在することを証明したのだ。

さらに面白い結果はリュウグウ画像からもたらされた。表面の石の色合いや形質から、なんとリュウグウの生まれ故郷が推定されたのだ。小惑星は太陽系内で衝突と分裂、離合集散を繰り返していると考えられている。リュウグウの生まれ故郷（母天体という）は火星と木星の間にある小惑星帯の大きな小惑星ポラナ（直径55キロメートル）あるいはオイラリア（直径37キロメートル）のどちらかなのだそうだ。

マスコットが地表で撮影したリュウグウ岩石のクローズアップ画像からは、地球上にみられる「炭素質コンドライト」と呼ばれるタイプの隕石と似ていることが示された。隕石の出所は小惑星だから、これは地球上に豊富にある隕石の研究に大きな進展をもたらすだろう。

ＳＣＩによる人工クレーターづくりからも、ユニークな科学成果がもたらされた。あれほど大きなクレーターができた理由は、表面強度（石どうしの結びつき）が弱いことを示唆していた。表面強度は、触ってみなければわからないから、ＳＣＩがもたらしたこの科学情報の貴重さは計り知れない。このこととリュウグウの表面上にあるたくさんの自然のクレーターの分布状況から、リュウグウの表面の年齢は約１０００万年ということも判明した。リュウグウは、その表情を意外と頻繁に変えているのかもしれない。

はやぶさ2が明らかにした数々の科学データは、小惑星の一生、ひいては太陽系の歴史に新しい謎を投げかけている。人類の科学思考のステップが1歩も2歩も前に進んだのだ。

２０１９年11月、オシリス・レックスミッションのお膝元、米国アリゾナ州ツーソンで、はやぶさ2とオシリス・レックスの共同ワークショップが開催された。ここへ、同時進行する2つのサンプルリターンミッションの科学者から最新の研究成果が持ち寄られた。

はやぶさ2が大成果を収めた後だけに、会議は大盛況だった。オシリス・レックスが到着したベヌーは、リュウグウと瓜二つのコマ型小惑星だ。私たちが苦労したのと同じように、その想定外の凸凹さに苦しんでいる。ダンテ・ローレッタ率いるサイエンスメンバーも、オシリス・レックス探査機の製造メーカーであるロッキードマーチンのメンバーも、そしてＮＡＳＡのメンバーも、はやぶさ2の着陸実現への道に真剣に聞き入り、たくさんの質問を浴びせた。

真剣な討議の後のディナーバンケットで、ちょっとした余興が行われた。ステージ上で「相手のミッションにあって自分のミッションになく羨ましく思ったものは？」というお題に、両ミッションの代表者が答えていく、というものだ。

杉田は、「オシリスの大口径カメラは羨ましい。やっぱり何でもサイズが大きいのはよいものだ」と答え笑いを誘った。ダンテは「ターゲットマーカーだ。あれさえあれば俺たちも……」と言ったので、私は自席から大声で「はやぶさ2にあと1個残っているよ！　あげようか？」と申し出た。そこかしこから「それほしい！」「リュウグウからベヌーへターゲットマーカーを投げてくれー！」という声が上がり、会場は笑いに包まれた。

2つのサンプルリターンミッションが、同時進行している。このかけがえのなさを改めて思った。ライバルであり、同志であること。それにより互いのミッションが切磋琢磨された。海の向こうでオシリス・レックスがあれだけ賢くやっている。現金な話だが、このことはＪＡＸＡ上層部にはやぶさ2が実行しようとする挑戦を説得するときにも、大いに役に立った。

オシリス・レックスも、ベヌーの地形の険しさに着陸方式を見直し、スケジュールを延期した。ダンテの直面する壁、決断の孤独さが私には痛いほどわかる。逆も然りで、彼から折に触れてくるメールに、私が励まされたことも一度や二度ではない。

「私たちには、ここにいる両チームの皆さん以外にあと2人、感謝しなければならない方がいます。」そのワークショップの最後のスピーチで、私はしみじみとした口調で述べた。

「それはリュウグウとベヌーです。この2人が同じくらい難しい天体で本当によかったですよね。」難易度に大差があったら、両チームの仲は微妙なものになっていたかもしれない。両チームの出席者は互いにしばし顔を見合わせ、そして破顔した。会場に笑いが弾け、両チームを称える拍手が起きた。両チームを結束させた、2つのコマ型小惑星に乾杯！

リュウグウが徐々に小さくなっていく。天体が視野から見切れるまで、はやぶさ2はシャッターを切り続けた。離れ行く小惑星の景色は世界に配信され、たくさんのメッセージが寄せられた。

ありがとうリュウグウ。さようならリュウグウ。また逢う日まで。

第7章 地球帰還へ

はやぶさ2とは何だったのか

はやぶさ2の復路航行は順調に進行している。イオンエンジンを2800時間噴くことで、地球をインターセプト（交差）する軌道だ。気の抜けない運用が続くが、着実にゴールは近づいている。

はやぶさ2が見せたリュウグウの世界は、多くの科学的な知見をもたらしたし、科学者に新たなインスピレーションをもたらした。リュウグウを訪れ、その探査状況を電波で送り返しただけの現段階でも、これだけの驚きの世界を見せることができたのだから、リュウグウのサンプルが地球に帰って来た時に私たち人類に何をもたらしてくれるのか、とても楽しみだ。この点は、もう間もなくなのだからそれを待ちたい。

他方で、工学の観点では、最大の挑戦であったリュウグウ探査で、揺るぎない成果を獲得した。これらは、次世代の宇宙探査の土台となる。はやぶさ2の技術を踏み台にして、次のミッションを考えられるのだ。

実際、それを成し遂げた私たち自身も思ってもみなかったような感覚の変化を今感じている。小惑星へ1メートル以下の精度で着陸し、複数の地点から物質を採取し、地下掘削をし、地表探査ロボットを展開させ、軌道周回することができた。ここまで出来てしまうと、小天体を科学調査する技術という意味では、少なくとも太陽系の中の数千個の小天体は我々の技術で十分探査可能というレベルに達したと言えるだろう。その一方で、工学者としては、悲しいかな、生半可な技術では満足できない体質になってしまった。もう着陸精度が凄くても、大穴をあけられても驚かない。いまや、もっと高度で面白い技術をたくさん思いつく（その具体的内容は、将来に乞うご期待！）。私たちはもっと凄い探査ができる。そういう新しい宇宙工学の地平が見えるようになった。はやぶさ2をやる前に想像していた、はやぶさ2後の世界よりずっとずっと遠くを見渡せるようになったのだ。

　はやぶさは小惑星サンプルリターンへの道筋を作った先駆者だった。そしてはやぶさ2は、これぞ小惑星サンプルリターンという世界を作った。先駆者の作った道筋を継承し、作った当人も想像しなかったレベルに押し上げたのだから、継承と革新の両方の役割を果たしたと言えよう。地球帰還の成否を見ていない現時点でも、二代目の役割を十二分に果たしたと思う。

　太陽系にはリュウグウより大きな天体、遠くの天体が何十万もある。はやぶさ2の技術を伸ばせば、まだ人類が到達できていないそのような天体の探査も夢ではない。それが技術と科学を伸ばす道だ。

＊＊＊

もう少しだけ、はやぶさ2がもたらした科学成果の意味を深く掘り下げてみたい。

多くの人にとって、はやぶさ2のような探査ミッションの面白さは、その成果というよりも、困難に遭遇し、それに打ち勝とうとした挑戦のプロセスにあるだろう。私もどちらかというとそういう質《たち》だ。しかし、そのことと、はやぶさ2が真に科学に貢献したかどうかは別だ。

私は「挑戦」には2つの種類がある、と思う。ひとつは「制約への挑戦」、もうひとつは「未知への挑戦」だ。この2つはまったく違う類のものだ。前者は、人類の叡智を結集すれば原理的には実現できることを、お金や人員、時間が限られた中で如何に効果的・効率的に行うかということだ。言い換えると、実学上の挑戦とも言えよう。それに対して後者は、そもそも原理がわからないような目標を如何に達成するか、知らない世界をどのように既知の世界に変えるかだ。こちらは人類の根源的な好奇心に応えるものだ。そして、基礎科学を前進させるのは、この「未知への挑戦」の方だ。未知への挑戦は人類共通の価値を高めるものだから、世界の科学者がはやぶさ2を通じて一丸となり、はやぶさ2の成果を世界が称賛した。

はやぶさ2の第2回目の着陸を、JAXAは一度躊躇した。本当は2度着陸を行うことがどれだけ高い価値をもたらすか知っているのに。科学者は、2回目の着陸点の二択を迫られたとき、当初地下物質が少ないが安全上無難なS01点に行きたいと希望した。本当はC01点の価値が遥かに高いことを知っていたのに。どちらも、はやぶさ2をとりまく「制約」を勘案して、最高の価値を追い求めることに歯止めをかけたのだ。着陸を2回やることなど、世界中どこもやったことがないから、このような「未知への挑戦」は退くも進むも、間違いとは言えない。

しかし、はやぶさ2は最終的には、2回目の着陸をC01点という最高の場所に対して実行し成功させた。「未知への挑戦」を最高の形で成し遂げたのだ。実は、宇宙科学ミッションの歴史においても、真の科学的欲求に忠実に応えられることはそうそうない。何かしら妥協が入る。だから、着陸のような大変な難局で、制約を打破し、真の科学的欲求を引き出し、ディスカウントなしで「未知への挑戦」を完遂したことの価値はとても大きいのだ。

ここでは2回目の着陸の例を挙げたが、はやぶさ2のリュウグウでの活動は、本書で見てきたように、このような未知への挑戦の成功が光る場面がたくさんあった。

組織も人も、常に現実のしがらみに縛られている。それが真の挑戦を妨げる。そのしがらみを用意周到にとり去り、「あ、われわれは真の挑戦をしてもいいんだ」と思える状態に持っていった。そして挑戦し、成功した。このように真の「未知への挑戦」への入り口をこじ開けて見せたことが、科学技術への大きな貢献ではないかと思う。

こう言うと「制約への挑戦」の影が薄くなるようだが、それは本意ではない。実際はやぶさ2チームは、リュウグウ滞在中、探査の成果よりもプロセスを発信することに努めた。当事者としては、成果だけで評価されるなんてもったいない。直面する困難や悩み、未来の予定や選択肢、結果の順調さも挫折も見せることで、少しでも新しい世界を探検することの臨場感を子供たちに見せたかったし、未踏天体という極限環境での技術マネジメントの顛末を全世界の人と共有したかった。おかげで、幼稚園の子供からお年寄りの方まで、主婦の方から企業の第一線の方まで、世界中のいろんな方々にいろんな視点から、はやぶさ2に熱い視線を注いでいただいた。

本書の読者には、はやぶさ2メンバーが次から次へ難局に直面しながらも、まったく悲壮感がないことを感じていただけただろうか。挑戦のレベルは絶望的に高かったが、メンバーはその状況を良い意味で楽しんでいた。探査機の運用は時々刻々重要な判断を迫られ、一つの間違いが大事故につながる。メンバーはそういうプレッシャーを常に感じながら、その状況を前向きな力に変えていた。はやぶさ2チームは「探査を嗜む」チームだった。そういうチーム文化を作るために、たくさんの努力をした。

だって、人類の科学の進歩を実地に示すのが宇宙科学ミッションだから。やっている当人たちが楽しまないと、良い成果が出せるはずがない。

昨今はコンプライアンスばかり重視され挑戦が難しいと言われている。民間のメーカーや技術系企業に、この時代にどうやってそんな挑戦ができたのか?というような、技術マネジメントの視点で尋ねられることが多くなった。はやぶさ2がそのような「チーム作り」の視点で評価を得ているのは望外の喜びだ。私たちは「はやぶさ2は単なる宇宙工学・理学ミッションに非ず。宇宙探査を通じて社会に良い波及効果をもたらしたい」という思いを持ってはやぶさ2計画を進めてきたが、今、その観点からも、いくらか世の中に響かせるものがあったのではと実感している。

＊＊＊

はやぶさ2に続く日本の太陽系探査はなんだろうか。２０１８年に打ち上がった欧州との共同ミッション「ベピコロンボ」は水星に向かって飛行中だ。２０２０年代には、月着陸を目指す「ＳＬＩＭ」があり、「デスティニー・プラス」はイオンエンジンで枯渇彗星

（尾を引かなくなった彗星）フェイトンをフライバイ（通り過ぎ）探査する。さらに、「MMX」ミッションは火星の衛星フォボスのサンプルリターンを行う予定だ。デスティニー・プラスのイオンエンジンは、はやぶさ2のイオンエンジンの後継が搭載される予定だ。MMXミッションのもととなるアイディアを発案し技術的実現性をJAXAに示したのは、はやぶさ2チームだった。はやぶさ2の技術が、次世代のミッションに引き継がれつつある。

しかしながら、上述のミッションはすべて2018年より前に出来上がった計画だ。つまり、はやぶさ2がリュウグウで一大飛躍させた技術を使ったミッションはまだ存在しない。というか、それくらい想定外の技術的飛躍をはやぶさ2はやってのけた。太陽系探査を日本がリードし、人類の科学へ最高の貢献ができるかは、ここの使い方にかかっているのだと思う。そこが攻めどころということで、宇宙研では「はやぶさ3」（という名前になるかはわからないが）の検討が始まっている。その行く末はまだわからないが、いずれにせよ日本の宇宙探査技術にはまだまだ伸びシロがあるぞ！ということだ。

はやぶさ2が行ったのは「最先端の技術」による「究極の基礎科学」だ。技術・科学の両面で、人類普遍の価値を高めた。組織のためや国のためではなく、人類全体の叡智に貢献するミッションだから、世界に喜ばれた。はやぶさ2を通じて、日本という国、日本の技術や科学へのひたむきさが、世界に伝えられたと思う。日本という面白い宇宙探査をやる国があって、独特の科学技術文化を持っているぞ、と世の中に認知してもらうことで、世界の中で、日本という国は貴重だな、仲良く付き合っていきたいな、と思う人が少しでも増えればと思う。人類のための宇宙科学を日本がやることの意味は、そういうところにあるのだと思う。

そして最後に、はやぶさ2の価値をどうしても伝えたい先が、子供たちだ。

私が子供の頃読んだ科学雑誌やテレビでは、21世紀になるとみんな空を飛んで通勤し、みんなが宇宙旅行できる世界になると教えられた。そういう物凄く面白そうな未来に、無限の希望と自分の将来像を重ねたものだ。現代の私たち大人は、子供たちにワクワクするような未来を描いて見せてあげられているだろうか。

子供たちを前にはやぶさ2のことを話すと、目をきらきら輝かせて真剣に聴いてくれる。その目の輝きは、科学の雑誌や番組を見ていた子供時代の私の目と同じだ。自然、話す方にも力が入る。私たちの世代が見せられていた未来と同じくらい壮大な未来を、今私は子供たちに見せられているだろうか、と自問自答しながら。

大人は凄いことをやっている。とんでもないことに挑戦し、面白い未来を作っている。未来に希望は確かにあり、大人になることは楽しいことだ、そう子供たちに感じてほしい。子供たちでも地球の小ささを感じられるこの時代、宇宙には広大な挑戦のステージがまだまだあることを、宇宙ミッションを通じて、もっともっと見せていければと思う。

地球帰還、そして2031年へ

リュウグウを発った後のはやぶさ2の復路の飛行は1年と短い。大気圏突入カプセルはオーストラリアのウーメラ砂漠に帰ってくる。貴重なリュウグウのサンプルが入ったカプセルを速やかに回収し日本に持ち帰るためには、オーストラリア政府との交渉から始まり、カプセルを速やかに見つける装備や訓練まで、周到な準備が必要だ。

そのために、はやぶさ2プロジェクトチームは、早くもリュウグウに到着する2カ月前の2018年4月に「回収隊」という別動隊を結成していた。ヘッドは中澤暁サブプロマネだ。リュウグウ探査をやりながら、カプセル回収の準備を始めるのは生半可な苦労ではない。中澤は「はや2が帰ってくるかどうかにかかわらずガンガン進めちゃいますよ」と頼もしく言うのだが、それは探査機運用チームにとって、リュウグウ探査でつまずいて無駄仕事にさせるなよ、というプレッシャーにもなっていた。

２０２０年3月、新型コロナウイルスの流行の兆しは、またたくまに世界的な流行へと発展した。世界中で国境が閉じられ、仕事や外出そのものが制限された。いろいろなｉｆを想定していた私たちにも、これはまったくの想定外だった。

すでに地球に向けて飛んでいるはやぶさ2を止めることはできない。飛行コースを変更することは技術的には可能だが、それはリュウグウのかけらを手に入れられないことを意味する。だから、何としても地球帰還を予定通り行いたかった。

どうやって回収隊員をオーストラリアへ入国させるか。隊員の安全をどう守り、オーストラリアに迷惑をかけずにどうやればカプセルを回収できるか。回収計画は、感染対策を徹底したコンパクトなものに突貫で作り変えられた。渡豪する隊員の数はもともと１００名を優に超える計画だったが、最小規模の約80名に絞られた。実は、稀有な地球帰還の機会を盛り上げるべく、たくさんの企業や研究者が豪州に渡っての協力を申し出てくれていたのだが、苦渋の決断で泣く泣く断った。ありがたいのはオーストラリア政府の対応だ。このプロジェクトの重要さを評価していただき、終始一貫オーストラリア国土でのはやぶさ2カプセルの回収を実現すべく、手を尽くしてくれた。

8月6日、オーストラリア政府から、遂に「着陸許可証」が発行された。地球帰還は２０２０年12月6日、日本時間午前2―3時と確定した。

再突入カプセルは、大気圏突入12時間前に母船から切り離される。そして、秒速11・8キロメートルで大気圏へ突入する。そこから先のカプセルの動きはすべて自動だ。高度10キロメートルに到達したあたりで、カプセルの外殻にあたるヒートシールドを切り離し、パラシュートを広げ、ウーメラ砂漠に緩降下する。回収隊は、航空機や地上のアンテナ、ドローンやヘリコプターを動員して、着陸したカプセルを探索する。発見後は直ちに、着陸後の処置を行って日本へ輸送する。

他方で、母船の方は、カプセル切り離し後すぐに、化学推進系スラスタを全力噴射し、大気圏突入コースからの離脱を図る。そのまま、高度約３００キロメートルを地球スイングバイし、再び深宇宙へ。実は、すべての役割を終えたはやぶさ2に、私たちは第二の人生として、「拡張ミッション」を提案しているのだ。

このはやぶさ2の〝第二の人生〟も、周到な準備の賜物だ。はやぶさ2チームのもう一つの別動隊、「拡張ミッション検討チーム」は、１００万近くある小惑星の中から、カプセル分離後のはやぶさ2が辿り着けそうな小惑星を探索していたのだ。その活動は、実はリュウグウ到着前から密かに行われていた。それが日の目を見たのはもちろん、リュウグウの探査を終えた後のはやぶさ2が健康そのものだったからだ。

　そうして最終的に選ばれた拡張ミッションの計画はこうだ。２０２０年12月６日に、カプセル分離後のはやぶさ2本体は地球スイングバイ。２０２６年７月に小惑星「２００１ＣＣ21」の近くを通り過ぎ、２０２７年12月に地球スイングバイ。さらに２０２８年にもう一度地球スイングバイを行い、２０３１年に小惑星「１９９８ＫＹ26」へ到着する。

　小惑星２００１ＣＣ21はL型小惑星という珍しいタイプの天体で、はやぶさ2はこの小惑星を高速で通り過ぎざまに観測することに挑戦する。また最終目的地の小惑星１９９８ＫＹ26は、直径30メートルほど。そして自転周期は何と11分！　ものすごく小さく、ものすごく高速で自転している小惑星なのだ。もちろん、このようなタイプの小惑星は人類は目にしたことがない。リュウグウに到着したとき、次々に明らかになるその素性に世界が驚いた。次の新世界の訪問も、驚きに満ち溢れたものとなるに違いない。

　この計画を実現するには、あと11年の飛行時間、約1万3千時間のイオンエンジン運転が必要だ。総飛行距離は約１００億キロメートルにも及ぶ。その旅を、はやぶさ2に残っているイオンエンジン燃料50％、化学推進系燃料25％で踏破する。はやぶさ2にはまだ、ターゲットマーカーが1つ、プロジェクタイル（タッチダウン時に発射する弾丸）が1つ残っている。これらをどう使うかを考えるのも面白い。拡張ミッションは寿命をはるかに超えた飛行だが、もう当初のミッションを終えた後だから失うものはない。飛行すればそれだけ、知見が増える。はやぶさ2には、晴れ晴れとした気持ちで、さらなる挑戦を存分に見せてほしい。はやぶさ2よ、酷使してゴメン。でも次の旅も、共にがんばろう。

＊＊＊

２０２０年9月17日午前3時15分45秒（日本時間）、イオンエンジン運転の全工程が完了。コロナ禍の中だったがリモート会議越しにイオンエンジン関係者が運用に集結し、その有終の美を見守った。はやぶさからは隔世の感があるパーフェクトな働きだった。西山、細田、月崎竜童《りゅうどう》らイオンエンジンチームの笑顔が気持ちいい。西山は、管制室から初号機に続いてのサンプルリターンミッション2ラウンド目の走破達成を宣言した。管制室は拍手に包まれ、イオンエンジンチームのミッション完遂を祝った。

さあ、地球帰還の最終段階、リエントリ最終誘導フェーズが始まった。ここでは、化学推進系を使ってＴＣＭ１、ＴＣＭ２、……というように合計5回の精密な軌道修正を行うことで、カプセルの地球帰還と探査機本体の地球圏離脱を行うことになっている。

私の目の前では、日々、軌道担当が探査機の飛行経路を確認し、システム担当と姿勢軌道制御系担当、それにカプセル担当らが、カプセル分離前後の複雑な手順をひとつひとつ設計し、検証し、仕上げに取り掛かっている。オーストラリアへ渡る回収隊と相模原の探査機運用チームは連絡を取り合い、「その日」に向けた準備に余念がない。それらの作業を進めるチームメンバーの緊張感は、リュウグウ滞在時のそれと変わらない。いや、むしろやり直しがきかない分、チームの緊張度は増している。

２０２０年9月23日、イオンエンジン運転完了後の軌道評価が出て来た。その結果は大変良好。はやぶさ2は地球から３２００万キロメートルの地点を地球へ向かって飛行中だ。狙い通り、地球の大気圏すれすれをかすめ飛ぶ軌道に乗っている。もう、ゴールは間近だ。

はやぶさ2よ、大気圏突入回廊《リエントリコリドー》を突き進め。

そして、地球帰還へ。

そしてその先へ。

新たな科学の地平を拓くために——。

巻末資料　はやぶさ2小惑星近傍フェーズの計画と実績

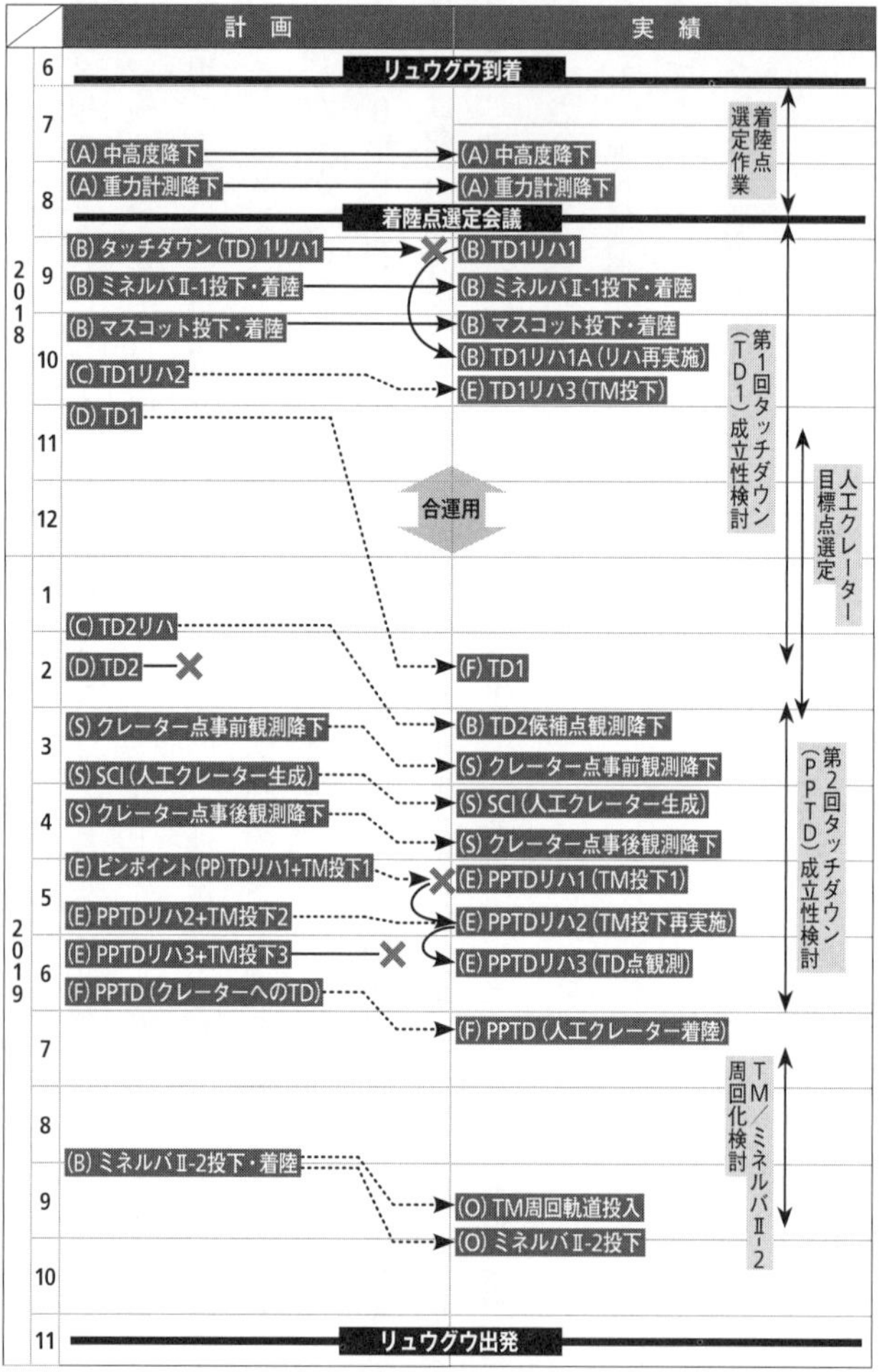

✕はアボートまたは中止。(A)–(O)は第4章の表し方でのミッション種別

あとがき

はやぶさ2のリュウグウへの旅は間もなく終わります。終わる前だから、まだ先のことはわからないのですが、はやぶさ2の挑戦のクライマックスはリュウグウでの探査活動で決まりでしょう。難しいリュウグウへ取り組む私たちはやぶさ2チームは、中の人である私から見ても、一つの人格を持った生き物のようでした。チーム作りをした当人もびっくりするようなチームワークと創造性溢れる活動で、想像を遥かに超えた難しさのリュウグウ探査を大成功させることができました。人間の想像力の限界、それを広げる宇宙探査の魅力、そして人と人が力を合わせることの素晴らしさが、私が本書を通じて伝えたかったことです。リュウグウへの冒険には、本書に登場しなかったヒーロー、ヒロインがたくさんいます。しかしそのすべてを本書に書き込むことはできませんでした。それはひとえに私の拙文故であり、平にご容赦いただきたいと思います。

あるプロジェクトメンバーが、はやぶさ2がリュウグウを離れるときに、次のような感想を漏らしました。「このミッションは誰もが『自分がいなければ成功しなかった』と思えるミッションだよなあ。」私はその言葉に目頭が熱くなりました。これこそ、私が作りたかったチームです。みんなが主役のミッションだから、まだまだドラマはたくさんあるのです。

ＮＥＣのプロジェクトマネージャー大島武さんは、リュウグウ探査終了後のＪＡＸＡ・ＮＥＣの共同記者会見で「14年前の初号機とは比べようもないほど元気なはやぶさ2を眩しく感じます。ミネルバを落とせなかったこと、弾丸を撃てなかったことが心のどこかに引っかかったまま、14年間過ごしてきました。あの時にやり残したことをすべてやり遂げ、完全な姿で地球へ帰れるのは本当に喜ばしいことです」と言いました。はやぶさシリーズの主製造メーカーも、初号機の成果をいくら社会が認めていても、ずっと重たい十字架を背負っていたのです。20年以上、宇宙探査技術に懸けてきた大島さんのような方に、大成功の結末をプレゼントできて本当に良かったと思います。

ＳＣＩの開発に携わったＩＨＩエアロスペースの方は、人工クレーター作成に成功した日、「あなた方は宇宙研の良心だ。こういうやんちゃなミッションができるチームはここにしかない。本当に楽しかった」と言ってくださいました。この言葉に代表されるように、技術者が、科学者が、契約や責務を超えて〝探査〟を楽しんでくれていることをひしひしと感じられる場面が、はやぶさ2プロジェクトでは随所にありました。

これだから、宇宙ミッションは面白いのです。

はやぶさ2に関わるみんなが、一生懸命努力し、報われて余りある成果を感じてくれました。そういうチームに導いたのは、チームメンバーたち自身であり、素晴らしい技術力と情熱を注いでくれた企業の方々であり、プロジェクトを外から支援してくれたＪＡＸＡの関係者や政府機関・国内外の研究機関・宇宙機関の方々であり、そして一緒に熱狂し応援してくれた日本中の、そして世界中の皆さんです。こんな体験をさせてもらったはやぶさ2チームの一員として、心の地下物質が噴出するほどの感謝を申し上げます。

実は私たちは、まだ日々恐怖を感じています。ひとつの探査機を作り、それが最後まで動いたらやっとそこでミッション達成となります。何かあったら途中でもすぐに修理できる地上の工業製品と違う恐ろしさがそこにあります。だから、探査には実力だけでなく運も大切です。（だから、私たちは、験も担ぐし神頼みもします。）

また、私たちは結果だけでなくプロセスを大切にします。10年以上取り組むわけですから、プロセスにも価値がないとやっていられない仕事です。だから、ミッションの最終的な成否がまだわからない今であっても、これまでの大きな成功とその過程を皆さんに伝えたい。私が筆を執り、本書に挑戦の経過をてんこ盛りに盛り込んだのは、そういった理由からです。（それでも、まだ描き切れなかったドラマが山ほどあります！）

これだけ成功を重ねても、一寸先は闇。それが宇宙探査ミッションの恐ろしさです。まだ、地球帰還に向けた運用は続いていますし、その後拡張ミッションも行おうとしています。しびれるような緊張を皆さんと一緒に体験しながら、これからもひとつひとつ成果を積み上げていきたいと思います。

私にとっては、このような本を書くこと自体が挑戦でした。執筆にあたって、素人作文をいいことにいくつか（科学論文しか書いたことのない私にとって）実験的な要素を織り込ませていただきました。そういう自由を許容し、満足いく原稿が書けるようけしかけていただいたＮＨＫ出版の倉園哲さんへ、この場を借りて深甚なる感謝の意を表します。

２０２０年10月16日

津田雄一

津田雄一 つだ・ゆういち
1975年生まれ。
宇宙航空研究開発機構（JAXA）宇宙飛翔工学研究系教授。
東京大学工学部航空宇宙工学科卒、
同大学院航空宇宙工学専攻博士課程修了。博士（工学）。
2015年、史上最年少でプロジェクトマネージャー
（はやぶさ2プロジェクト）に就任。
専門は宇宙工学、宇宙航空力学、太陽系探査。
論文に「はやぶさ2による小惑星着陸の達成」
（『日本航空宇宙学会誌』67巻9号）など。
本書が初の著書。

NHK出版新書 639

はやぶさ2 最強ミッションの真実

2020年11月10日 第1刷発行

著者 津田雄一

発行者 森永公紀

発行所 NHK出版
〒150-8081 東京都渋谷区宇田川町41-1
電話 (0570) 009-321（問い合わせ） (0570) 000-321（注文）
https://www.nhk-book.co.jp（ホームページ）
振替 00110-1-49701

ブックデザイン albireo

印刷 新藤慶昌堂・近代美術

製本 藤田製本

Printed in Japan ISBN978-4-14-088639-7 C0244

NHK出版新書好評既刊

「冴える脳」をつくる5つのステップ
ゆっくり急ぐ生き方の実践
築山 節
日々の不調に加え、コロナ禍で脅かされる生活や健康。現代人が抱える不安に適切に対処できる「脳」のつくり方を、ベストセラーの著者が解説。
636

家族のトリセツ
黒川伊保子
親子関係から兄弟、夫婦関係まで。イライラやすれ違いの具体例を挙げながら、「脳の個性」を理解し、「最も身近な他人」とうまく付き合う方法を伝授！
637

独裁の世界史
本村凌二
なぜプラトンは「独裁」を理想の政治形態と考えたのか？ 古代ローマ史の泰斗が２５００年規模の世界史を大胆に整理し、「独裁」を切り口に語りなおす。
638

はやぶさ2 最強ミッションの真実
津田雄一
世界を驚かせる「小惑星サンプル持ち帰り」を完璧に成功させたプロジェクトの中心人物が描く、スリルと臨場感にあふれた唯一無二のドキュメント！
639

愛と性と存在のはなし
赤坂真理
私たちは自分の「性」を本当に知っているか？ 既存の用語ではすくい切れない人間存在の姿を、作家自身の生の探求を通して描き出す、魂の思索。
640